Neuartige Borhydridkomplexe der Seltenerdmetalle unter Verwendung von chelatisierenden *N*-Donorliganden und deren Anwendung als Katalysatoren von Polymerisationsreaktionen

Zur Erlangung des akademischen Grades eines
DOKTORS DER NATURWISSENSCHAFTEN
(Dr. rer. nat.)
Fakultät für Chemie und Biowissenschaften
Karlsruher Institut für Technologie (KIT)
genehmigte
DISSERTATION

von
Dipl.-Chem. Matthias Johannes Schmid
aus
Karlsruhe

Dekan: Prof. Dr. M. Bastmeyer
Referent: Prof. Dr. P. W. Roesky
Korreferent: Prof. Dr. A. Powell
Tag der mündlichen Prüfung: 19.04.2013

Bibliografische Information der Deutschen Nationalbibliothek
Die Deutsche Nationalbibliothek verzeichnet diese Publikation in der
Deutschen Nationalbibliografie; detaillierte bibliografische Daten sind im Internet
über http://dnb.d-nb.de abrufbar.
1. Aufl. - Göttingen : Cuvillier, 2013
 Zugl.: Karlsruhe (KIT), Univ., Diss., 2013

 978-3-95404-415-3

Die vorliegende Arbeit wurde von Juli 2009 bis April 2013 im Arbeitskreis von Prof. Dr. Peter W.Roesky am Institut für Anorganische Chemie des Karlsruher Instituts für Technologie (KIT) angefertigt.

© CUVILLIER VERLAG, Göttingen 2013
 Nonnenstieg 8, 37075 Göttingen
 Telefon: 0551-54724-0
 Telefax: 0551-54724-21
 www.cuvillier.de

Alle Rechte vorbehalten. Ohne ausdrückliche Genehmigung des Verlages ist es nicht gestattet, das Buch oder Teile daraus auf fotomechanischem Weg (Fotokopie, Mikrokopie) zu vervielfältigen.
1. Auflage, 2013
Gedruckt auf säurefreiem Papier

 978-3-95404-415-3

Inhaltsverzeichnis

1	**Einleitung**	**1**
1.1	Lanthanoide	1
1.2	Lanthanoide in der Katalyse	4
1.2.1	Polymerisation von ε-Caprolacton	6
1.2.2	Polymerisation von Trimethylencarbonat	9
1.2.3	Polymerisation von Lactid	10
1.3	Borhydridverbindungen der Lanthanoide	12
2	**Aufgabenstellung**	**16**
3	**Ergebnisse und Diskussion**	**17**
3.1	Darstellung zweiwertiger Lanthanoid-Borhydridkomplexe unter Verwendung des 2,5-Bis{N-(2,6-diisopropylphenyl)iminomethyl}pyrrolyl-Liganden	17
3.2	Seltenerdmetall-Borhydridkomplexe des {2-(2,6-diisopropylphenyl)amino-4-(2,6-diisopropylphenyl)imino}-pent-2-enyl-Liganden	27
3.2.1	Darstellung der zweiwertigen Komplexe	28
3.2.2	Darstellung der dreiwertigen Komplexe	31
3.3	Seltenerdmetall-Borhydridkomplexe des {(Me$_3$SiNPPh$_2$)(SPPh$_2$)CH$_2$}-Liganden	36
3.3.1	Darstellung der zweiwertigen Komplexe	38
3.3.2	Darstellung der dreiwertigen Komplexe	44
3.4	Anwendung der dargestellten Seltenerdmetall-Borhydridkomplexe als Katalysatoren für die Polymerisation von polaren Monomeren	51
3.4.1	Polymerisation von ε-Caprolacton	52
3.4.2	Polymerisation von Trimethylencarbonat	59
3.4.3	Polymerisation von L-Lactid	61
4	**Experimenteller Teil**	**63**
4.1	Allgemeines	63
4.1.1	Arbeitstechnik	63
4.1.2	Lösemittel	63
4.1.3	Monomere	64
4.1.4	Spektroskopie/Spektrometrie	64
4.2	Synthesevorschriften und Analytik	65

4.2.1	Synthese der bekannten Ausgangsverbindungen	65
4.2.2	Synthese der neuen Verbindungen	65
4.2.2.1	FerrocenylNacacH (**1**)	65
4.2.2.2	[{(dipp)$_2$pyr}$_2$Yb(THF)] (**4**)	66
4.2.2.3	Allgemeine Synthesevorschrift für die Lanthanoid-Borhydridkomplexe	66
4.2.2.4	[(dipp)$_2$pyrEu(BH$_4$)(THF)$_3$] (**2**)	67
4.2.2.5	[(dipp)$_2$pyrYb(BH$_4$)(THF)$_3$] (**3**)	67
4.2.2.6	[(dipp)$_2$NacNacSm(BH$_4$)(THF)$_2$] (**5**)	68
4.2.2.7	[(dipp)$_2$NacNacEu(BH$_4$)(THF)$_2$] (**6**)	68
4.2.2.8	[(dipp)$_2$NacNacYb(BH$_4$)(THF)$_2$] (**7**)	68
4.2.2.9	[(dipp)$_2$NacNacSc(BH$_4$)$_2$(THF)] (**8**)	69
4.2.2.10	[(dipp)$_2$NacNacSm(BH$_4$)$_2$(THF)] (**9**)	69
4.2.2.11	[(dipp)$_2$NacNacDy(BH$_4$)$_2$(THF)] (**10**)	70
4.2.2.12	[(dipp)$_2$NacNacYb(BH$_4$)$_2$(THF)] (**11**)	70
4.2.2.13	[(dipp)$_2$NacNacLu(BH$_4$)(OH)] (**12**)	71
4.2.2.14	[{(Me$_3$SiNPPh$_2$)(SPPh$_2$)CH}Yb(BH$_4$)(THF)$_2$] (**13**)	71
4.2.2.15	[{(Me$_3$SiNPPh$_2$)(SPPh$_2$)CH}Y(BH$_4$)$_2$(THF)] (**14**)	72
4.2.2.16	[{(Me$_3$SiNPPh$_2$)(SPPh$_2$)CH}Sm(BH$_4$)$_2$(THF)] (**15**)	72
4.2.2.17	[{(Me$_3$SiNPPh$_2$)(SPPh$_2$)CH}Tb(BH$_4$)$_2$(THF)] (**16**)	73
4.2.2.18	[{(Me$_3$SiNPPh$_2$)(SPPh$_2$)CH}Dy(BH$_4$)$_2$(THF)] (**17**)	73
4.2.2.19	[{(Me$_3$SiNPPh$_2$)(SPPh$_2$)CH}Er(BH$_4$)$_2$(THF)] (**18**)	73
4.2.2.20	[{(Me$_3$SiNPPh$_2$)(SPPh$_2$)CH}Yb(BH$_4$)$_2$(THF)] (**19**)	74
4.2.2.21	[{(Me$_3$SiNPPh$_2$)(SPPh$_2$)CH}Lu(BH$_4$)$_2$(THF)] (**20**)	74
4.3	Polymerisationsreaktionen	75
4.3.1	Polymerisation von ε-Caprolacton	75
4.3.2	Polymerisation von Trimethylencarbonat	76
4.3.3	Polymerisation von *L*-Lactid	76
4.4	Kristallstrukturuntersuchungen	77
4.4.1	Datensammlung und Verfeinerung	77
4.4.2	Daten zu den Kristallstrukturanalysen	79
4.4.2.1	FerrocenylNacacH (**1**)	79
4.4.2.2	[(dipp)$_2$pyrEu(BH$_4$)(THF)$_3$] (**2**)	80
4.4.2.3	[(dipp)$_2$pyrYb(BH$_4$)(THF)$_3$] (**3**)	81

4.4.2.4 [{(dipp)$_2$pyr}$_2$Yb(THF)] (**4**)   82

4.4.2.5 [(dipp)$_2$NacNacSm(BH$_4$)(THF)$_2$] (**5**)   83

4.4.2.6 [(dipp)$_2$NacNacEu(BH$_4$)(THF)$_2$] (**6**)   84

4.4.2.7 [(dipp)$_2$NacNacYb(BH$_4$)(THF)$_2$] (**7**)   85

4.4.2.8 [(dipp)$_2$NacNacSc(BH$_4$)$_2$(THF)] (**8**)   86

4.4.2.9 [(dipp)$_2$NacNacSm(BH$_4$)$_2$(THF)] (**9**)   87

4.4.2.10 [(dipp)$_2$NacNacDy(BH$_4$)$_2$(THF)] (**10**)   88

4.4.2.11 [(dipp)$_2$NacNacYb(BH$_4$)$_2$(THF)] (**11**)   89

4.4.2.12 [(dipp)$_2$NacNacLu(BH$_4$)(OH)] (**12**)   90

4.4.2.13 [{(Me$_3$SiNPPh$_2$)(SPPh$_2$)CH}Yb(BH$_4$)(THF)$_2$] (**13**)   91

4.4.2.14 [{(Me$_3$SiNPPh$_2$)(SPPh$_2$)CH}Y(BH$_4$)$_2$(THF)] (**14**)   92

4.4.2.15 [{(Me$_3$SiNPPh$_2$)(SPPh$_2$)CH}Sm(BH$_4$)$_2$(THF)] (**15**)   93

4.4.2.16 [{(Me$_3$SiNPPh$_2$)(SPPh$_2$)CH}Tb(BH$_4$)$_2$(THF)] (**16**)   94

4.4.2.17 [{(Me$_3$SiNPPh$_2$)(SPPh$_2$)CH}Dy(BH$_4$)$_2$(THF)] (**17**)   95

4.4.2.18 [{(Me$_3$SiNPPh$_2$)(SPPh$_2$)CH}Er(BH$_4$)$_2$(THF)] (**18**)   96

4.4.2.19 [{(Me$_3$SiNPPh$_2$)(SPPh$_2$)CH}Yb(BH$_4$)$_2$(THF)] (**19**)   97

4.4.2.20 [{(Me$_3$SiNPPh$_2$)(SPPh$_2$)CH}Lu(BH$_4$)$_2$(THF)] (**20**)   98

5 Zusammenfassung/Summary   **99**

   5.1 Zusammenfassung   99

   5.2 Summary   102

6 Literatur   **105**

7 Anhang   **113**

   7.1 Verwendete Abkürzungen   113

   7.2 Persönliche Angaben   116

      7.2.1 Lebenslauf   116

      7.2.2 Publikationen   118

1 Einleitung

1.1 Lanthanoide

Als Lanthanoide (Ln) werden die fünfzehn Elemente von Lanthan bis Lutetium bezeichnet. In dieser Untergruppe des Periodensystems werden sukzessive die 4f-Orbitale mit Elektronen besetzt. Als Seltenerdmetalle - oder auch Metalle der Seltenen Erden - werden in diesem Zusammenhang die Lanthanoide einschließlich der Elemente Scandium und Yttrium zusammengefasst. Der ebenfalls häufig gebrauchte Begriff „Seltene Erden" bezieht sich auf die Oxide der Seltenerdmetalle. Diese Nomenklatur ist nach heutigem Kenntnisstand irreführend, da die Seltenerdmetalle in der Erdkruste deutlich häufiger vorkommen als beispielsweise die Edelmetalle Gold und Platin. Selbst das seltenste stabile Element der Seltenerdmetalle - Europium - ist immer noch häufiger als beispielsweise Iod.[1] Die Elemente der Seltenerdmetalle treten in der Natur in der Oxidationsstufe +3 auf, und zwar in Form verschiedener Mineralien, wie z. B. Bastnäsit [(Ln)(CO_3F)], Monazit [(Ln, Th)(PO_4)] und Xenotim [(Y, Ln)(PO_4)].[2] Das gemeinsame Vorkommen der Seltenerdmetalle in den oben genannten Mineralien liegt an der Stabilität der Oxidationsstufe +3 und daran, dass sie sich in ihren Ionenradien kaum unterscheiden (Tabelle 1).

	Ce	Pr	Nd	Pm	Sm	Eu	Gd	Tb	Dy	Ho	Er	Tm	Yb	Lu
Ionenradius / Å	1.15	1.13	1.12	1.11	1.10	1.09	1.08	1.06	1.05	1.04	1.03	1.02	1.01	1.00

Tabelle 1: Ionenradien (+3) der Lanthanoide (KZ = 6).[1, 3]

Auch die übrigen Elemente Scandium, Yttrium und Lanthan passen mit ihren Ionenradien sehr gut in diese Reihe: Sc^{3+}: 0.89 Å, Y^{3+}: 1.04 Å, La^{3+}: 1.17 Å. Die stetige Abnahme der Ionenradien - und auch der Radien des elementaren Metalls - liegt an der Lanthanoidenkontraktion (Abbildung 1).[4] Da die 4f-Orbitale nicht in der Lage sind, die wachsende Kernladung hinreichend abzuschirmen, wächst mit steigender Ordnungszahl auch die effektive Kernladung. Dies wiederum führt zu einer stärkeren Anziehung der äußeren Elektronen durch den Kern und somit zu einer Verringerung des Ionen- und auch des Metallradius.

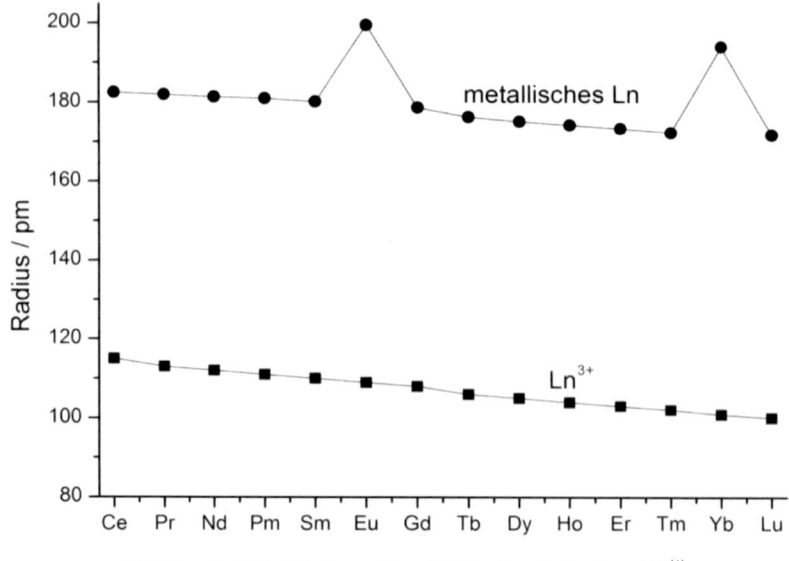

Abbildung 1: Verlauf der Ionen- bzw. Metallradien der Lanthanoide.[1]

Beim Verlauf der Metallradien fallen die Elemente Europium und Ytterbium ins Auge, da hier ein sprunghafter Anstieg zu verzeichnen ist. Dies lässt sich anhand der elektronischen Situation der beiden Metalle erklären: beide stellen für Metallbindungen lediglich zwei Elektronen zur Verfügung, wohingegen bei allen anderen Lanthanoiden drei Elektronen involviert werden. Dies führt für Europium zu einer halbgefüllten 4f-Unterschale (Eu^{2+}, f^7) und für Ytterbium zu einer vollständig gefüllten 4f-Unterschale (Yb^{2+}, f^{14}); beide Konfigurationen sind besonders stabil. Die allgemeingültige Elektronenkonfiguration für elementare Lanthanoide lautet $[Xe]4f^n5d^06s^2$. Ausnahmen sind hier die Elemente Lanthan und Cer, da hier die 4f-Orbitale noch nicht hinreichend kontrahiert sind, sodass bei diesen die 5d-Orbitale mit jeweils einem Elektron populiert sind; ebenso die Elemente Gadolinium und Lutetium - bei Ersterem dominiert der Effekt der halbgefüllten Unterschale und bei Letzterem ist die 4f-Schale vollständig besetzt.[2]

Die 4f-Orbitale liegen energetisch tiefer als die 5d- und 6s-Orbitale und da sie auch eine geringere radiale Ausdehnung besitzen (Abbildung 2), sind sie quasi keine Valenzelektronen im engeren Sinne. Als Folge der Lanthanoidenkontraktion besitzen sogar die 5s- und 5p-Orbitale eine höhere radiale Ausdehnung, obwohl diese keine

Valenzorbitale sind. Die 4f-Orbitale stehen also für kovalente Bindungen nicht zur Verfügung und werden auch durch ein Ligandenfeld kaum beeinflusst.[5] Da die Lanthanoide - im Gegensatz zu den 3d-Elementen - nahezu identische chemische Eigenschaften besitzen, ist es möglich, den genauen Einfluss der Ionengröße auf die jeweilige Reaktivität zu untersuchen.[2]

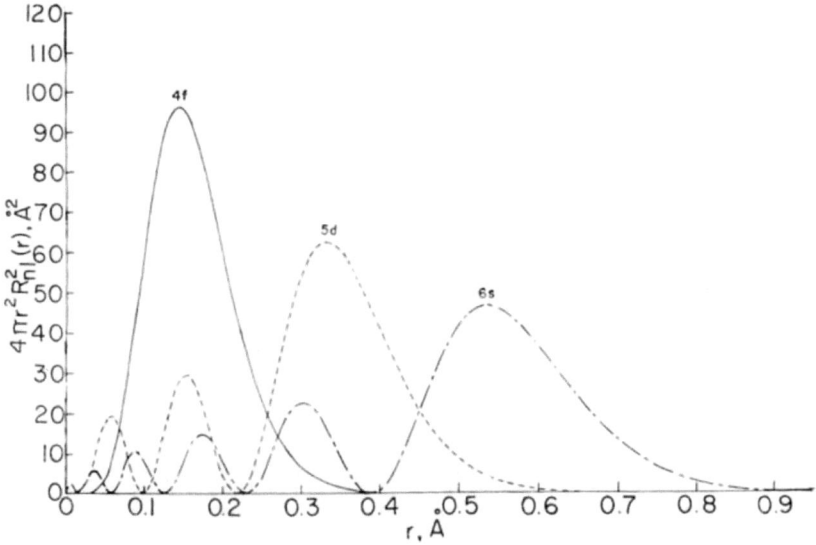

Abbildung 2: Radialteil der wasserstoffähnlichen Wellenfunktionen für die 4f-, 5d- und 6s-Orbitale des Cers aufgetragen gegen die Wahrscheinlichkeit, ein Elektron im Abstand r vom Kern zu finden.[5a]

Aufgrund dessen ist für alle Lanthanoide die bevorzugte Oxidationsstufe +3. Dies entspricht der Elektronenkonfiguration $[Xe]4f^x5d^06s^0$. Die Oxidationsstufen +2 und +4 sind relativ selten und nur bei den Elementen Nd, Sm, Eu, Dy, Tm, Yb (+2) und Ce, Pr, Nd, Tb, Dy7 (+4) bekannt. Lanthanoid-Kationen sind harte und starke Lewissäuren, welche deswegen nach dem HSAB-Prinzip[6] sehr gut mit harten und starken Lewisbasen reagieren, wie z. B. Wasser oder Sauerstoff. Deswegen ist in der Organometallchemie der Lanthanoide ein strikter Ausschluss von Luft und Wasser unabdingbar.

Lanthanoide ähneln in ihrem chemischen Verhalten eher den Alkali- und Erdalkalimetallen als den Übergangsmetallen, da für die Bindungen hauptsächlich elektrostatische Wechselwirkungen von Bedeutung sind. Deswegen spielen die „klassischen"

Liganden der Nebengruppenchemie - wie z. B. der Carbonyl-Ligand - kaum eine Rolle, da den Lanthanoiden wegen der elektronischen Besonderheiten die Elektronen für eine stabilisierende π-Rückbindung fehlen.[2] Wesentlich geeigneter sind sterisch anspruchsvolle anionische Liganden, welche in der Lage sind, das reaktive Metallzentrum abzuschirmen. Da der Cyclopentadienyl-Ligand (Cp) und dessen Derivate diesen Anforderungen in nahezu optimaler Weise entsprechen, war die Organometallchemie der Lanthanoide lange Zeit von den Cp-Verbindungen geprägt.[7] Mittlerweile werden jedoch in immer größerer Anzahl andere Ligandensysteme verwendet, um so die elektronischen und sterischen Eigenschaften genauer und vielfältiger zu modifizieren.

1.2 Lanthanoide in der Katalyse

Ein nicht unwesentlicher Teil der Forschung bei der Darstellung neuer Organolanthanoidverbindungen geschieht häufig in der Absicht, neue Katalysatoren für diverse organische Transformationen zu entwickeln. Katalysatorsysteme auf Basis der 4f-Elemente haben sich in zahlreichen Reaktionen als äußerst effektiv erwiesen. Obwohl sie erst ab den späten 1980er Jahren in den engeren Fokus der Forschung gerückt sind,[8] finden sie mittlerweile bei Transformationen von C-C-Mehrfachbindungen wie der Hydroaminierung,[9] der Hydrosilylierung,[10] der Hydroborierung,[11] der Hydrophosphinierung,[12] der Hydroalkoxylierung,[13] der Hydrostannierung,[14] der Hydrogenierung[15] sowie bei verschiedenen Polymerisationsreaktionen[16] Anwendung.
Die notwendige Voraussetzung für die katalytische Aktivität eines Seltenerdmetallkomplexes ist eine freie Koordinationsstelle am Metallzentrum. Diese ist entweder schon vorhanden oder wird zu Beginn des Katalyseprozesses gebildet - meist durch Abstraktion bzw. Migration einer sogenannten Abgangsgruppe. Im Falle der Lanthanoidkatalysatoren trägt der katalytisch aktive Komplex einen oder mehrere Zuschauerliganden, welche das reaktive Metallzentrum von einer Seite abschirmen, allerdings nicht selbst an der Reaktion teilnehmen. Auf der anderen Seite befindet sich dann die Abgangsgruppe. Das Ligandensystem muss so gewählt werden, dass es bevorzugt ionische Wechselwirkungen mit dem Lanthanoid ausbilden kann; hierfür bieten sich Liganden in anionischer Form - meist durch Deprotonierung erzeugt - an,

um in die Koordinationssphäre des Metalls eingeführt zu werden. Häufig wird dies mit Stickstoff- oder Sauerstoffdonorliganden realisiert, welche zudem noch in der Lage sind, das Metall über mehrere Donorfunktionen zu chelatisieren und dadurch dem gebildeten Komplex zusätzliche Stabilität verleihen (Abbildung 3).

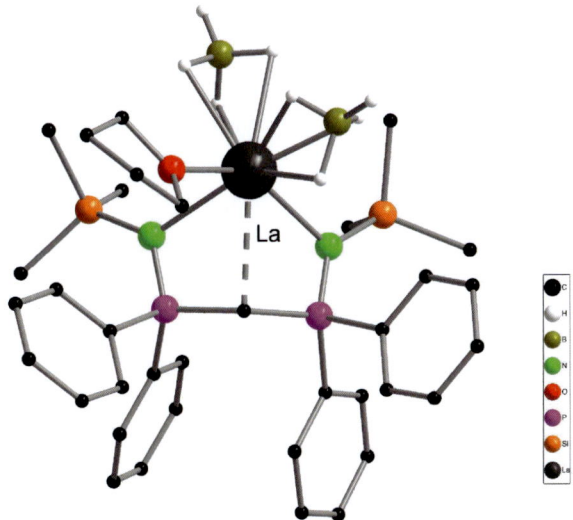

Abbildung 3: Beispiel eines typischen Lanthanoid-Katalysatorsystems.[17]

Bei obigem Lanthankomplex ist deutlich zu erkennen, dass der „untere" Halbraum von einem sterisch anspruchsvollen bidentaten, monoanionischen Stickstoffdonorliganden ausgefüllt wird, während das Metallzentrum auf der anderen Seite zwei reaktive Borhydridgruppen trägt, welche in der Lage sind, als Abgangsgruppen zu fungieren und somit Polymerisationsreaktionen zu katalysieren.[17] Neben dem gezeigten Bis(phosphinimino)methanid-Ligandensystem[18] (Abbildung 3) dienen auch andere monoanionische Systeme, wie Cyclopentadienyle,[19] Amidinate,[8a] β-Diketiminate,[20] Bisoxazolinate[21] und Aminotroponiminate[22] als Zuschauerliganden. Dianionische Liganden sind ebenfalls in der Lage, Lanthanoide auf die gewünschte Art zu komplexieren, so beispielsweise Diamide,[23] Biphenolate,[24] Binaphtholate[25] und Binaphthylamide[26]. Gute Abgangsgruppen für Transformationen von C-C-Mehrfachbindungen sind vor allem Hydride,[27] Alkyle[9a] und Amide[28] (z. B. Bistrimethylsilylamid). Für Polymerisationsreaktionen haben sich hauptsächlich

Alkoxide,[29] Borhydride[17, 30] und - deutlich seltener - Halogenide[31] (mit Co-Katalysator) als Abgangsgruppen etabliert.

Bei der Hydroaminierung wird formal ein Amin an eine C-C-Mehrfachbindung addiert, um ein höher substituiertes Amin darzustellen.[9a, 24] Hierbei ist die hohe Atomeffizienz das Herausstellungsmerkmal der katalysierten Hydroaminierung im Vergleich zur Darstellung substituierter Amine auf anderem Wege, beispielsweise über die Gabriel-Synthese, die Schmidt-Reaktion oder die Staudinger-Reaktion.[24] Es entstehen kaum Abfall- und Nebenprodukte, was das Interesse an dieser Art der Aminsynthese stark erhöht. Besonders bei der intramolekularen Variante der Hydroaminierung haben sich Lanthanoidkatalysatoren als wirkungsvoll herausgestellt.[9a, 9b] Die mechanistischen Details der intramolekularen Hydroaminierung wurden von der Arbeitsgruppe um *T. J. Marks* untersucht.[19b]

Bei der Hydrosilylierung wird formal ein Silan an eine C-C-Mehrfachbindung addiert, wobei in diesem Fall ein höher substituiertes Silan entsteht. Auch hier trug die Arbeitsgruppe um *T. J. Marks* erheblich zum mechanistischen Verständnis des Katalysezyklus bei.[10c]

1.2.1 Polymerisation von ε-Caprolacton

Polycaprolacton (PCL) ist ein aliphatischer Polyester, welcher in der Anwendung besonders hinsichtlich seiner Biokompatibilität und seiner biologischen Abbaubarkeit großes Interesse weckt.[32] Dargestellt wird PCL durch ringöffnende Polymerisation (ROP) von ε-Caprolacton (CL),[16c, 17, 18b, 28h-j, 29b-g, 29i, 29j, 30b, 30c, 30f-h, 30j, 30l, 31b, 31d, 33] welches sich als Monomer in der Synthese besonders eignet, da es sich leicht polymerisieren lässt und gleichzeitig einfach zugänglich ist. PCL ist ein teilkristallines Polymer mit einem Schmelzpunkt von etwa 60°C und einer Glasübergangstemperatur von ca. -60°C und zählt, wegen des linearen Kettenaufbaus ohne Quervernetzungen, zu den Thermoplasten. PCL ist mit anderen Polymeren zu sogenannten Polymerblends mischbar und erreicht in der Anwendung (besonders in der Biomedizin und der Pharmazie) gerade durch Mischung mit beispielsweise Polylactiden die gewünschten Eigenschaften.[32e, 32k]

Ebenfalls vielversprechend ist die Copolymerisation von CL mit anderen Monomeren, um so Blockcopolymere verschiedener Zusammensetzung zu erhalten.[30e, 31c, 32c, 32g, 32l, 34]

Einleitung 7

Die ersten ringöffnenden Polymerisationen von CL unter Verwendung von lanthanoidbasierten Borhydridverbindungen wurden von *Guillaume et al.* durchgeführt.[30f, 33p] Auch ein zugehöriger Reaktionsmechanismus wurde formuliert (Abbildung 4).

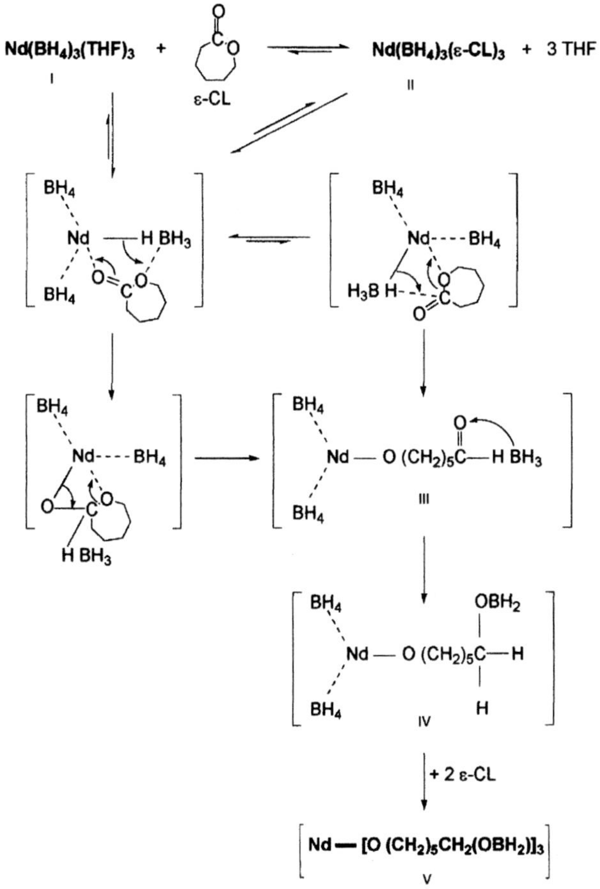

$$Nd(BH_4)_3(THF)_3 \; + \; \varepsilon\text{-CL} \; \rightleftharpoons \; Nd(BH_4)_3(\varepsilon\text{-CL})_3 \; + \; 3\,THF$$

I   II

$$\left[\begin{array}{c} BH_4 \\ Nd \!-\! HBH_3 \\ BH_4 \end{array}\right] \rightleftharpoons \left[\begin{array}{c} BH_4 \\ Nd\text{---}BH_4 \\ H_3B\,H\!\cdots \end{array}\right]$$

$$\left[\begin{array}{c} BH_4 \\ Nd\text{---}BH_4 \\ HBH_3 \end{array}\right] \longrightarrow \left[\begin{array}{c} BH_4 \\ Nd\!-\!O(CH_2)_5\overset{O}{\underset{}{C}}\!-\!H\,BH_3 \\ BH_4 \end{array}\right]$$

III

$$\left[\begin{array}{c} BH_4 \quad OBH_2 \\ Nd\!-\!O(CH_2)_5C\!-\!H \\ BH_4 \quad H \end{array}\right]$$

IV

$$\Big| + 2\,\varepsilon\text{-CL}$$

$$\left[Nd\!-\![O(CH_2)_5CH_2(OBH_2)]_3 \right]$$

V

Abbildung 4: Postulierter Mechanismus für den ersten Schritt der ringöffnenden Polymerisation von ε-Caprolacton.[33p]

Am Anfang des postulierten Mechanismus steht die Bildung eines Metallkomplex-CL-Adduktes durch die Verdrängung eines oder mehrerer THF-Moleküle durch das Monomer, da die Wechselwirkungen zwischen Seltenerdmetallen und CL stärker sind als diejenigen mit THF.[35] Dem folgt die Koordination des CL über die Carbonylfunktion an das Metallzentrum mit anschließender Insertion in eine Metall-H-Bindung (**III**). Schließlich wandert die BH$_3$-Einheit an die benachbarte Carbonylfunktion am Ende des insertierten CL, um so reduktiv ein Alkoxid-derivat zu bilden (**IV**). Durch zweimalige Wiederholung dieser Schritte entsteht dann Verbindung **V**.

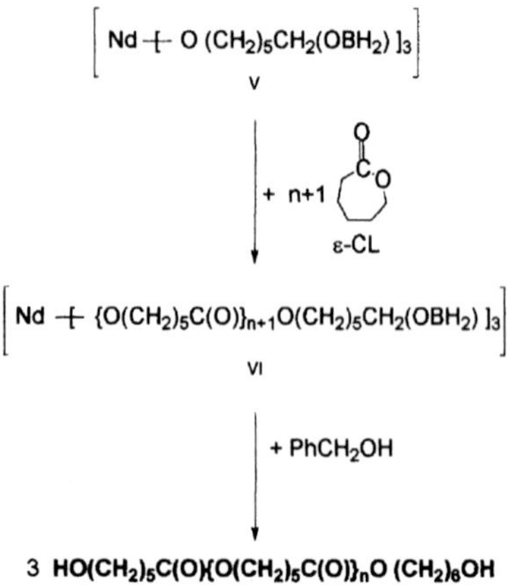

$$\left[Nd + O(CH_2)_5CH_2(OBH_2) \right]_3$$
$$V$$

$$\downarrow + n+1 \; \varepsilon\text{-CL}$$

$$\left[Nd + \{O(CH_2)_5C(O)\}_{n+1}O(CH_2)_5CH_2(OBH_2) \right]_3$$
$$VI$$

$$\downarrow + PhCH_2OH$$

$$3 \; HO(CH_2)_5C(O)[O(CH_2)_5C(O)]_nO(CH_2)_6OH$$

Abbildung 5: Postulierter Mechanismus für die Bildung von α,ω-dihydroxy-funktionalisiertem PCL.[33p]

Der oben gezeigte postulierte Mechanismus wurde im Laufe der Zeit durch zahlreiche theoretische Studien und mechanistische Untersuchungen untermauert.[17, 30f, 30h, 33b, 33c, 33k]

Durch Addition weiterer Monomereinheiten werden ausgehend von **V** drei wachsende Polymerketten generiert, welche am Metallzentrum fixiert sind (**VI**). Bricht man die Reaktion schließlich ab, werden die Metall-O-Bindungen ebenso wie die Bor-O-Bindungen hydrolysiert und es entsteht das in Abbildung 5 gezeigte Polymer.

Auch bei Verwendung von ligandstabilisierten Lanthanoid-Borhydridkomplexen wird ein ähnlicher Mechanismus vorgeschlagen und sowohl mit experimentellen Befunden, als auch mit theoretischen Rechnungen untermauert.[17]

Da sich CL sehr leicht polymerisieren lässt, werden die Reaktionen häufig bei Umgebungstemperatur durchgeführt und erreichen meist einen vollständigen Monomerumsatz.

Die Polydispersität (PD) der auf diesem Wege dargestellten Polycaprolactone liegt - bei einem Molekulargewicht von $\bar{M}_n \approx 20000 \; g \cdot mol^{-1}$ - in der Regel zwischen 1.06 und 1.84.[17] Der PD-Wert ist der Quotient gebildet aus dem Gewichtsmittel der Molmasse $\bar{M}_w$ und dem Zahlenmittel der Molmasse $\bar{M}_n$; er ist ein Maß für die Breite der

Molmassenverteilung. Für anionische Polymerisationen (sehr enge Molmassenverteilung) liegt der PD-Wert typischerweise zwischen 1 und 1.05, wohingegen er für radikalische Polymerisationen (relativ breite Molmassenverteilung) deutlich höher liegt.

1.2.2 Polymerisation von Trimethylencarbonat

Poly-trimethylencarbonat (PTMC) ist ebenfalls ein biokompatibler und bioabbaubarer Kunststoff, der erst in jüngster Zeit in den Fokus des wissenschaftlichen Interesses gerückt ist, nämlich durch die Etablierung einer Darstellungsmethode des Monomers Trimethylencarbonat (TMC) aus Biomasse.[36] Auch PTMC ist über ROP zugänglich, wobei in der Literatur weit weniger seltenerdmetallbasierte Katalysatoren für die ROP von TMC bekannt sind als für CL.[30a, 30e, 31e, 34d, 37]

Die unter Seltenerdmetallkatalyse dargestellten Polymere haben bei einem Molekulargewicht $\bar{M}_n \approx 25000$ g·mol^{-1} einen PD-Wert, welcher im Bereich von 1.23[30e] bis 2.45[37f] liegt und somit tendenziell höher ist als der von PCL.

Der Mechanismus für die ROP von TMC basiert, im Gegensatz zu dem für die ROP von CL oder LA, bislang lediglich auf NMR- und MALDI-TOF-Untersuchungen und wurde noch nicht durch weiterführende Untersuchungen oder DFT-Rechnungen untermauert.[30a, 30e] In der Diskussion sind zwei Reaktionspfade: der erste ist sehr ähnlich dem für CL und liefert mit denselben postulierten Elementarschritten α,ω-dihydroxy-funktionalisiertes PTMC; der andere enthält keine Reduktion des Carbonyl-Kohlenstoffatoms durch die Borhydrid-Gruppe, sodass es hier zu einer Bildung von α-hydroxylterminiertem, ω-aldehydterminiertem PTMC kommt (Abbildung 6).

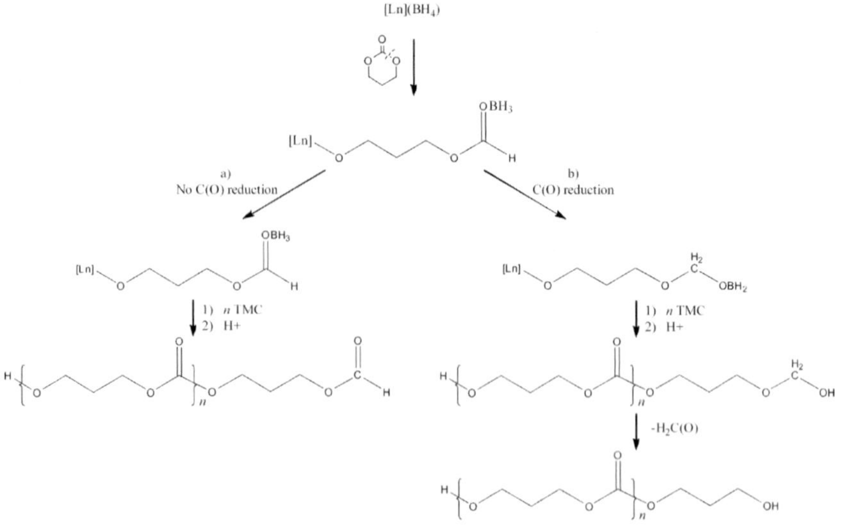

Abbildung 6: Postulierter Mechanismus für die ROP von TMC.[30a]

1.2.3 Polymerisation von Lactid

Polylactid (PLA) - ein Polyester gebildet aus Milchsäure - besitzt ebenfalls eine hohe Biokompatibilität und kann sehr effektiv biologisch abgebaut werden. PLA kann aus nachwachsenden Rohstoffen gewonnen werden und genau das macht es für die Wissenschaft überaus interessant.[38]
Ausgangsstoff für PLA ist die Milchsäure (2-Hydroxypropansäure), welche durch Kondensation direkt den gewünschten Polyester liefert. Da auf diesem Wege nur sehr geringe Molmassen erreicht werden, verwendet man statt Milchsäure den cyclischen Diester der Milchsäure: Lactid. Dieser wird dann mittels ROP zum PLA transformiert und kann Molekulargewichte von $\overline{M}_w$ > 100000 g·mol^{-1} liefern.[28d, 30d, 30g, 33h, 34c, 38-39]

Da die Milchsäure als einfachste chirale Hydroxycarbonsäure ein Stereozentrum besitzt, führt dies zu drei verschiedenen Diastereomeren im cyclischen Lactid: *LL*- (LLA), *DD*- (DLA) und *DL*-(*meso*-LA)-Lactid (Abbildung 7).

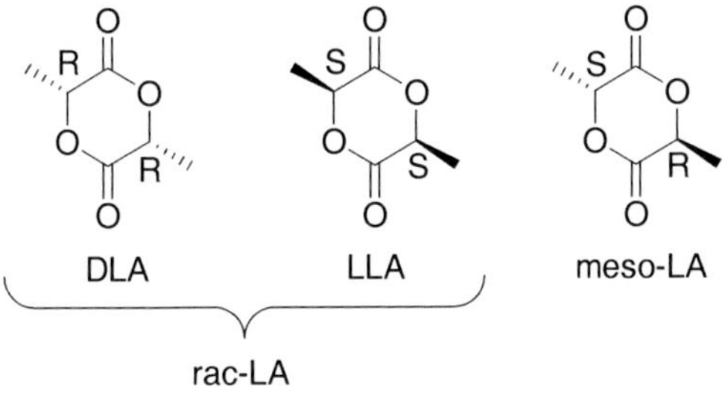

DLA   LLA   meso-LA

rac-LA

Abbildung 7: Stereoisomere des Lactid.

Als racemisches Lactid (*rac*-LA) bezeichnet man eine Mischung, welche zu gleichen Teilen aus LLA und DLA besteht.

Die physikalischen Eigenschaften, wie beispielsweise die Schmelz- (T_m) oder die Glasübergangstemperatur (T_g) von PLA werden in erheblichem Maße durch die Taktizität bestimmt.[40] Dadurch dass pro Monomereinheit zwei Stereozentren existieren, sind folgende Polylactide zugänglich: ataktische, isotaktische, syndiotaktische und heterotaktische PLAs, sowie Stereoblockpolymere. Bei ataktischen Polymeren sind die Konfigurationen der jeweiligen Stereozentren statistisch verteilt, bei isotaktischen Polymeren besitzen alle Stereozentren dieselbe Konfiguration, bei syndiotaktischen Polymeren sind die Konfigurationen alternierend und bei heterotaktischen Polymeren sind sie doppelt alternierend. Bei Stereoblockpolymeren wechseln sich kleinere isotaktische Einheiten der einen Konfiguration mit denen der jeweils anderen Konfiguration ab.

Die Stereochemie des Polymers wird hauptsächlich vom eingesetzten Monomer bestimmt; so erhält man etwa isotaktisches PLA aus enantiomerenreinem Lactid, wohingegen die anderen Stereoisomere durch entsprechende Stereokontrolle bei der Reaktionsführung darstellbar sind. Ähnliches gilt für die ROP von *rac*-LA und *meso*-LA - so erhält man bei der stereokontrollierten ROP von ersterem iso- oder heterotaktisches PLA und bei letzterem syndio- oder heterotaktisches PLA.[41]

Die ersten Seltenerdmetallborhydridkatalysatoren für die ROP von Lactid wurden von *Mountford et al.* veröffentlicht, welche einen Diaminobis(phenoxid)liganden zur Komplexierung eines Yttrium(III)-, Neodym(III)- und Samarium(III)-Zentrums verwendeten.[30g] Die PD-Werte der erhaltenen Polymere variieren zwischen 1.31 und 1.97. Ebenfalls von der Arbeitsgruppe *Mountford* wurden die ersten mechanistischen Untersuchungen sowie quantenchemischen Rechnungen für die Polymerisation von

Lactid durch Seltenerdmetallborhydridkatalyse durchgeführt.[39c] Der auf diese Art validierte Reaktionsmechanismus ähnelt dem für die Polymerisation von CL und liefert als Produkte sowohl α,ω-hydroxylterminiertes als auch α-hydroxylterminiertes, ω-aldehydterminiertes PLA (Abbildung 8).[30d, 33g, 33h, 39c]

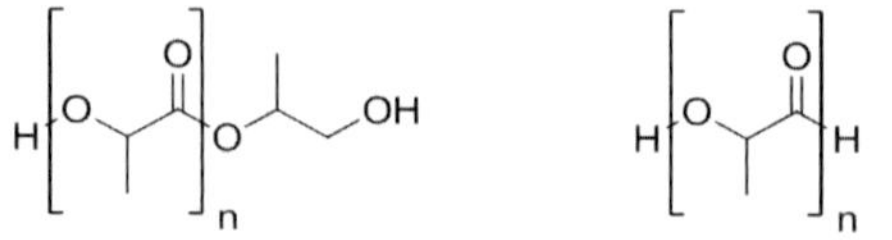

Abbildung 8: α,ω-hydroxylterminiertes und α-hydroxylterminiertes, ω-aldehydterminiertes PLA.

1.3 Borhydridverbindungen der Lanthanoide

Im Jahr 1960 wurden zum ersten Mal Borhydride der dreiwertigen Lanthanoide [Ln(BH$_4$)$_3$] von *Egon Zange* dargestellt und zwar durch die Umsetzung der Lanthanoid-Alkoxide [Ln(OCH$_3$)$_3$] mit Diboran (B$_2$H$_6$).[42] Eine synthetisch praktikablere Route wurde in den 1980er Jahren von *Mirsaidov et al.* publiziert, welche Zugang zu den solvatisierten Tris-Borhydridverbindungen [Ln(BH$_4$)$_3$(THF)$_3$] über eine Salzmetathesereaktion ausgehend von den Trichloriden LnCl$_3$ und NaBH$_4$ lieferte.[43] Im Gegensatz zu den übrigen Seltenerdmetall-Borhydriden besitzt die Scandium-Borhydridverbindung [Sc(BH$_4$)$_3$(THF)$_2$] im Festkörper lediglich zwei koordinierende THF-Moleküle.[44] Diese Syntheseroute wurde schließlich durch Reduzierung der eingesetzten Menge an NaBH$_4$, sowie durch Erhöhung der Reaktionszeit und -temperatur im Jahr 2000 von *Cendrowski-Guillaume et al.* optimiert.[45] Die einfache Darstellung zweiwertiger Borhydridverbindungen der Lanthanoide [Ln(BH$_4$)$_2$(THF)$_2$] (Ln = Eu, Sm, Yb)[33e, 46] und [Tm(BH$_4$)$_2$(DME)$_2$][30b] gelang erst in den letzten beiden Jahren. Hierbei spiegelt sich die Schwierigkeit bei der Stabilisierung der Oxidationsstufe +2 von den wenigen zugänglichen Lanthanoidverbindungen wider. Derzeit werden Borhydrid-Verbindungen auf ihre Anwendbarkeit als Wasserstoff-Speicher getestet.[47]

Die trivalenten Borhydride der Seltenerdmetalle [Ln(BH$_4$)$_3$(THF)$_x$] sind mittlerweile als Ausgangssubstanzen für die Darstellung einer großen Zahl von Organometallverbindungen etabliert worden.[16a] Meistens wird hierbei das große Metallkation von einem sterisch anspruchsvollen organischen Liganden auf einer Seite abgeschirmt, während es an der reaktiven Seite eine oder auch zwei Borhydrideinheiten trägt (Abbildung 9). Die Koordinationssphäre wird von Solvensmolekülen abgesättigt.

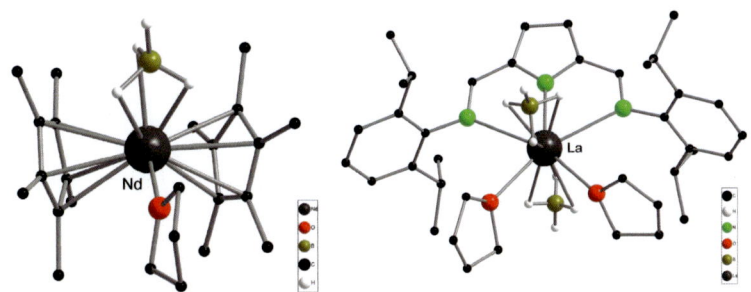

Abbildung 9: Borhydridkomplexe des Neodyms[48] und des Lanthans.[49]

Die Darstellung von Verbindungen des Typs [(L)Ln(BH$_4$)$_x$(Solvens)$_y$] verläuft über eine Salzmetathesereaktion (Abbildung 10) ausgehend von den Alkalimetallsalzen des jeweiligen Liganden und den entsprechenden homoleptischen Lanthanoid-Borhydriden unter Abspaltung von MBH$_4$ (M = Li, Na, K), wobei die BH$_4^-$-Einheit als Abgangsgruppe fungiert.[27]

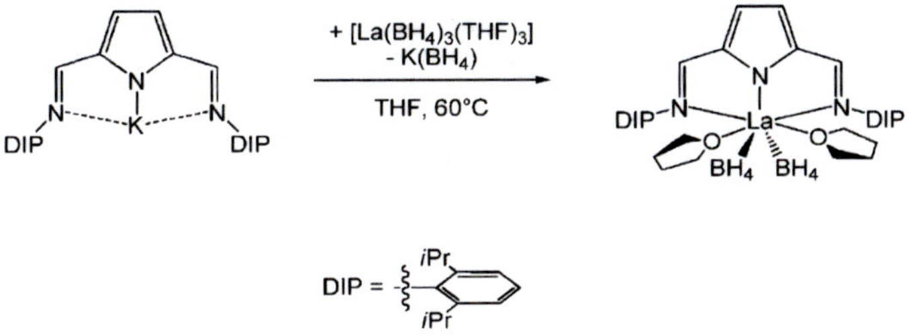

Abbildung 10: Schematische Darstellung einer Salzmetathesereaktion.[49a]

Die BH$_4^-$-Gruppe reagiert also meistens wie ein pseudo-Halogenid.[30d, 30g-i, 31a, 33h, 45, 48, 50]. Sie besitzt einen ähnlichen sterischen Anspruch wie ein Chlorid-Ion aber gleichzeitig eine deutlich höhere Tendenz, Elektronen in ein System „hineinzuschieben".[51] Die Bildung von *at*-Komplexen wird - im Gegensatz zu den Halogenidanaloga - nicht oder nur selten beobachtet. Aufgrund dieser Beobachtungen konnten Cyclopentadienyl-Verbindungen, wie beispielsweise mono-Cyclopentadienylkomplexe[30i, 31a, 50a-c, 50g] oder Metallocene[30h, 48, 50g, 50h] erfolgreich dargestellt werden (Abbildung 11).

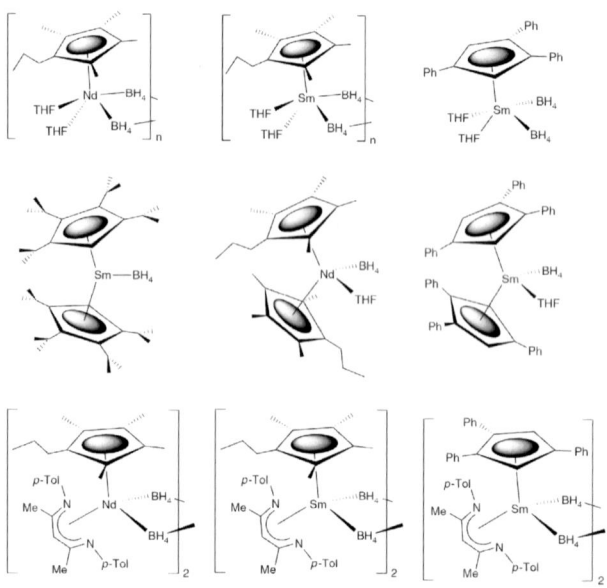

Abbildung 11: Ausgewählte mono-Cp-Verbindungen und Metallocene.[50g]

In den vergangenen Jahren ist eine äußerst vielfältige Bandbreite an post-Metallocen-Verbindungen dargestellt worden, welche hauptsächlich auf Sauerstoff- und Stickstoffdonor-Hilfsliganden basieren (Abbildung 3, Abbildung 9, Abbildung 10).[17, 30b, 30d, 30g, 33h, 39b, 39c, 50d-f, 52]

Bei allen Organometall-Borhydridverbindungen besitzt die BH_4^--Gruppe hydridischen Charakter - entweder über den $\kappa^1(H)$-, den $\kappa^2(H)$- oder den $\kappa^3(H)$-Modus, wobei die beiden letzteren Bindungsmodi bei weitem am häufigsten auftreten (Abbildung 12).[27, 48, 53]

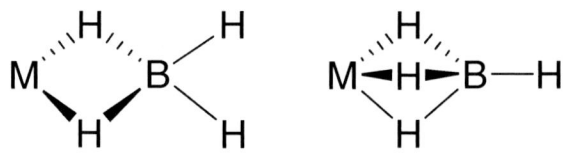

Abbildung 12: κ²(H)- und κ³(H)-Bindungsmodi der Borhydrid-Gruppe.[53b]

Die unterschiedlichen Verbrückungen lassen sich besonders gut durch Infrarot-Spektroskopie untersuchen, welche - neben der Röntgenstrukturanalyse - in diesem Zusammenhang einen großen Erkenntnisgewinn bei der Strukturaufklärung liefert.[27, 53b] Bei den meisten Seltenerdmetall-Borhydridkomplexen bindet die BH_4^--Einheit über zwei oder drei Wasserstoffatome an ein einziges Metall (terminal), allerdings sind auch Beispiele bekannt, in denen das Borhydrid in verschiedenen Bindungsmodi zwei Metallzentren verbrückt: μ-κ²(H):κ¹(H),[30d] μ-κ²(H):κ²(H),[30d] μ-κ³(H):κ²(H)[30d] und μ-κ³(H):κ³(H).[33e, 50h]

Ein weiterer großer Vorteil des monoanionischen Borhydridliganden liegt in der einfachen Detektierbarkeit über ¹H- und ¹¹B-NMR Spektroskopie. Aufgrund eines Kernspins des Boratoms von 3/2 ergibt sich im Protonen-NMR ein Quartett mit Kopplungskonstanten im Bereich von J_{B-H} = 80 - 90 Hz.

Der zuvor erwähnte Hydridcharakter der BH_4^--Gruppe in organometallischen Komplexen prädestiniert diese Verbindungsklasse für den Einsatz als Katalysatoren bei der Polymerisation von polaren Monomeren, um so Zugang zu α,ω-dihydroxyfunktionalisierten Polymeren zu erhalten.[16a, 17, 27, 30c, 30f, 30h, 33g, 33l, 33m, 33p, 34c, 39c, 52] Die Borhydridkomplexe der Seltenerdmetalle haben sich als effektive Katalysatoren bei der ringöffnenden Polymerisation (ROP) von cyclischen Estern, wie ε-Caprolacton (CL),[30c, 30e-g, 33g, 33k-m, 33p, 34c] δ-Valerolacton,[33g] β-Butyrolacton (BBL)[54] oder Lactid (LA),[16a, 30d, 30g, 33g, 33h, 34c, 39b, 39c] aber auch bei der Polymerisation von anderen polaren Monomeren wie Trimethylencarbonat (TMC)[30a, 30e] und Methylmethacrylat (MMA)[50e, 50g, 55] bewährt. Für die Polymerisation unpolarer Monomere benötigen die Lanthanoid-Borhydridverbindungen einen Co-Katalysator, wie beispielsweise bei der Darstellung von Polystyrol (PS),[33e, 50a, 50b, 56] Polyethylen (PE)[48, 57] oder Polyisopren.[48, 50a, 50c, 58]

2 Aufgabenstellung

Aufgrund der erfolgreichen Verwendung von Seltenerdmetall-Borhydridkomplexen in der Polymerisation von verschiedenen polaren Monomeren sollten in der vorliegenden Arbeit neuartige Borhydridkomplexe der Seltenenerdmetalle dargestellt und vollständig charakterisiert werden.

Dabei lag der Fokus zunächst auf der Synthese zweiwertiger Verbindungen, da diese schwerer zu stabilisieren sind und infolge dessen auch in der möglichen Anwendung als Polymerisationskatalysatoren noch nicht so gut erforscht sind wie die dreiwertigen Analoga.

Nach erfolgreicher Synthese und der zugehörigen Optimierung der möglichen Syntheserouten sollten die gewonnenen Erkenntnisse auf die Darstellung der entsprechenden dreiwertigen Seltenerdmetall-Borhydridkomplexe ausgeweitet werden.

Ein zentraler Punkt hierbei war die Wahl der geeigneten Liganden (Abbildung 13), da sie sowohl durch verschiedene sterische und elektronische Eigenschaften als auch durch die zur Komplexierung befähigten Donorfunktionen die Koordinationsumgebung am Zentralmetall definieren. Es sollten drei verschiedene Systeme eingesetzt werden, welche über zwei bzw. drei Koordinationsstellen das Metall chelatisierend stabilisieren können.

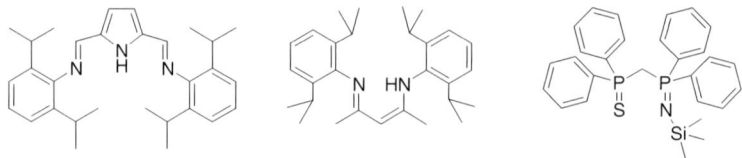

Abbildung 13: Verwendete Ligandensysteme.

Die neu dargestellten Borhydridkomplexe der Seltenerdmetalle sollten anschließend in der Arbeitsgruppe von *Sophie Guillaume* (Université de Rennes I, Frankreich) auf ihr katalytisches Potenzial in der Polymerisation von polaren Monomeren, wie ε-Caprolacton, Trimethylencarbonat und *L*-Lactid untersucht werden.

3 Ergebnisse und Diskussion

3.1 Darstellung zweiwertiger Lanthanoid-Borhydridkomplexe unter Verwendung des 2,5-Bis{N-(2,6-diisopropylphenyl)iminomethyl}pyrrolyl-Liganden

Analog einer im Jahr 2010 von *Roesky et al.* publizierten Syntheseroute zur Darstellung dreiwertiger Borhydridkomplexe ausgewählter Lanthanoide unter Verwendung des obigen Pyrrolyl-Ligandensystems[49] sollten die zweiwertigen Borhydridkomplexe von Samarium, Europium und Ytterbium synthetisiert und charakterisiert werden. Der zentrale Syntheseschritt hierbei ist eine Salzmetathesereaktion aus dem jeweiligen homoleptischen Lanthanoid-Borhydrid und dem Kaliumsalz des Pyrrolyl-Liganden, woraus dann unter Abspaltung von KBH_4 das gewünschte Produkt entsteht.

Die Darstellung der dreiwertigen Lanthanoid-Borhydride erfolgte über eine von *Cendrowski-Guillaume* im Jahr 2000 optimierte Syntheseroute,[45] welche von einer Salzmetathesereaktion der wasserfreien Lanthanoid-Trichloride mit Natriumborhydrid ausgeht (*Mirsaidov et al.*)[43] (Abbildung 14).

$$LnCl_3 \; + \; 3.3 \, NaBH_4 \; \xrightarrow[-3 \, NaCl]{THF, \, 60°C, \, 3\,d} \; [Ln(BH_4)_3(THF)_3]$$

Abbildung 14: Darstellung der dreiwertigen Lanthanoid-Borhydride, wobei Ln = Sc, Y, Nd, Sm, Tb, Dy, Er, Yb, Lu.

Für die Darstellung der Bis-Borhydride des Samariums und des Ytterbiums bedarf es eines nachfolgenden Reaktionsschrittes, bei dem das jeweilige Tris-Borhydrid mit elementarem Metall in einer Komproportionierungsreaktion schließlich das zweiwertige Lanthanoid-Borhydrid bildet (Abbildung 15).[33e, 46]

$$2\ [Ln(BH_4)_3(THF)_3]\ +\ 1.2\ Ln\ \xrightarrow{\text{THF, RT, 3 d}}\ 3[Ln(BH_4)_2(THF)_2]$$

Abbildung 15: Darstellung der zweiwertigen Lanthanoid-Borhydride, wobei Ln = Sm, Yb.

[Eu(BH$_4$)$_2$(THF)$_2$] ist hier eine Ausnahme: im Gegensatz zu den zweiwertigen Samarium- und Ytterbium-Borhydriden wird es direkt durch Umsetzung von EuCl$_3$ mit NaBH$_4$ erhalten (Abbildung 16).[46]

$$EuCl_3\ +\ 3.3\ NaBH_4\ \xrightarrow[-3\ NaCl]{\text{THF, 60°C, 3 d} \atop -0.5\ H_2,\ -BH_3}\ [Eu(BH_4)_2(THF)_2]$$

Abbildung 16: Darstellung von [Eu(BH$_4$)$_2$(THF)$_2$].

Alle homoleptischen Borhydride wurden über die Bestimmung der Zellkonstanten identifiziert.

Der in dieser Arbeit verwendete Bis(imino)pyrrolyl-Ligand wurde im Jahr 2001 von *Mashima et al.* zum ersten Mal für die Synthese von Lanthanoidverbindungen etabliert.[59] Er besitzt drei Stickstoffdonorfunktionen und ist so in der Lage, in unterschiedlichen Koordinationsmodi das Zentralmetall zu stabilisieren. Durch ein relativ acides Proton ist der Neutralligand sehr leicht in die monoanionische Form überführbar und eignet sich so ganz besonders für das Gebiet der Organometallchemie der Seltenen Erden.

Die Darstellung erfolgt über eine mehrstufige Syntheseroute (Abbildung 17) ausgehend vom Pyrrolaldehyd, dessen Aldehydfunktion im ersten Reaktionsschritt durch Reaktion mit Ethylcyanoacetat geschützt wird. Es folgt eine Vilsmeier-Haack-Formylierung des Pyrrolringes in *ortho*-Position mit anschließender Entschützung der ersten Aldehydfunktion. Setzt man den so erhaltenen Dialdehyd mit zwei Äquivalenten Diisopropylanilin unter Säurekatalyse um, so wird der Neutralligand erhalten, welcher sich einfach mit Kaliumhydrid deprotonieren lässt. [(dipp)$_2$pyrK] wurde standardanalytisch charakterisiert.

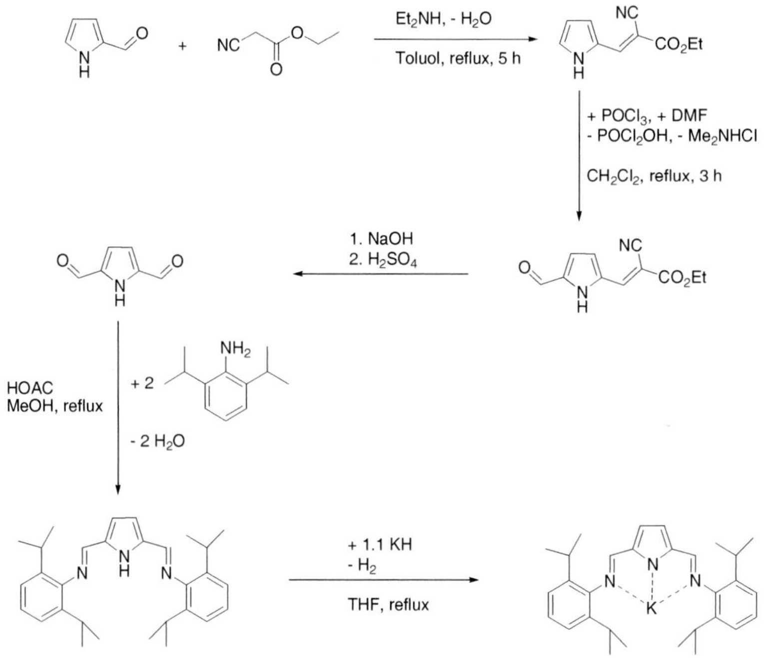

Abbildung 17: Darstellung von [(dipp)$_2$pyrK].[60]

Durch die Reaktion des Kaliumsalzes des Bis(imino)pyrrolyl-Liganden [(dipp)$_2$pyrK] mit den Bis-Borhydriden des Europiums und des Ytterbiums (Abbildung 18) konnten die Komplexe **2** und **3** als orangefarbene bzw. grüne Kristalle erhalten werden.

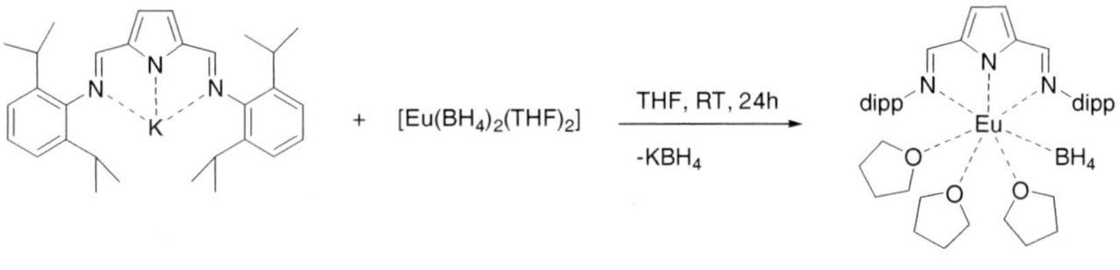

Abbildung 18: Darstellung von [(dipp)$_2$pyrEu(BH$_4$)(THF)$_3$] (**2**); gleiche Reaktionsführung auch für den Ytterbium-Borhydridkomplex [(dipp)$_2$pyrYb(BH$_4$)(THF)$_3$] (**3**).

Da die Umsetzung der zweiwertigen homoleptischen Borhydride mit dem Kaliumsalz des Pyrrolyl-Liganden sehr farbintensive Produkte liefert, ließen sich die Reaktionen durch die deutlichen Farbwechsel sehr gut verfolgen. Bei den durchgeführten Synthesen wurden schnell die Reaktivitätsunterschiede der beiden Verbindungen offensichtlich: Während die Europiumverbindung **2** (Abbildung 19) relativ stabil war und sich problemlos als kristalliner Feststoff isolieren und in der Glovebox aufbewahren ließ (nach vorangegangener Trocknung im Vakuum für mehrere Stunden), begann sich die Ytterbiumverbindung **3** (Abbildung 22) bei deren Trocknung im Vakuum zu zersetzen (Kristalle wechselten innerhalb von 10 Minuten die Farbe von dunkelgrün nach gelb-grün). Nach Lagerung in der Glovebox für 24 h wurde so statt der ursprünglich dunkelgrünen Kristalle ein tiefroter öliger Rückstand erhalten, der sich auch nicht über standardanalytische Verfahren zweifelsfrei identifizieren ließ.

Für Verbindung **2** konnte ein EI-Massenspektrum erhalten werden (Molpeak - BH_4 bei m/z = 593 amu).

Eine eindeutige Zuordnung der Bindungsmodi der BH_4^--Gruppe sollte - neben der Einkristallstrukturanalyse - über die Schwingungsspektroskopie (IR) erfolgen. Um aus den IR-Daten den Bindungsmodus der Borhydridgruppe zu bestimmen, wird der Bereich zwischen 1600 und 2600 cm^{-1} betrachtet. In diesem Bereich sind nur die B-H-Streckschwingungen zu erwarten, Schwingungen des Ligandengerüstes treten nur bei ca. 3000 cm^{-1} und im Bereich unter 1600 cm^{-1} auf. In den Infrarotspektren sind für den $\kappa^2(H)$-Bindungsmodus zwei starke Banden zwischen 2400 und 2600 cm^{-1} mit einer Aufspaltung von ungefähr 50 - 80 cm^{-1} (B-$H_{terminal}$-Streckschwingung) zu erwarten, sowie eine starke Bande mit Schulter zwischen 1650 cm^{-1} und 2150 cm^{-1} (B-$H_{verbrückend}$-Streckschwingung). Im Falle eines $\kappa^3(H)$-Bindungsmodus der BH_4^--Gruppe sollte eine starke Bande zwischen 2450 und 2600 cm^{-1} (B-$H_{terminal}$-Streckschwingung) und zwei Banden mit einer Aufspaltung von 50 - 80 cm^{-1} im Bereich von 2100 und 2200 cm^{-1} (B-$H_{verbrückend}$-Streckschwingung) auftreten.[27, 53b]

Das erhaltene IR-Spektrum zeigt im Bereich von 2000 bis 2600 cm^{-1} sehr breite, schlecht aufgelöste Banden, so dass eine Bestimmung des Koordinationsmodus der Borhydridgruppen über IR-Spektroskopie nicht möglich war.

Ergebnisse und Diskussion 21

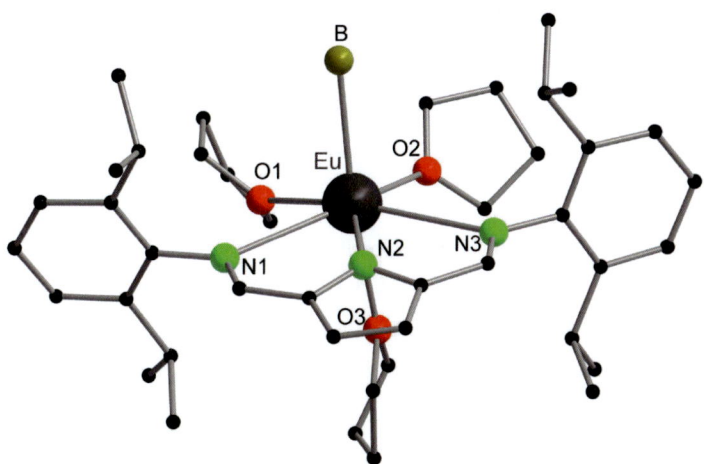

Abbildung 19: Struktur von **2** im Festkörper ohne Darstellung der Wasserstoffatome. Ausgewählte Abstände [Å] und Winkel [°]: Eu-B 2.773(11), Eu-N1 2.930(6), Eu-N2 2.492(6), Eu-N3 3.038(6), Eu-O1 2.605(6), Eu-O2 2.589(6), Eu-O3 2.593(6); B-Eu-N1 100.1(3), B-Eu-N2 106.1(4), B-Eu-N3 100.2(4), B-Eu-O1 94.2(4), B-Eu-O2 89.7(3), B-Eu-O3 170.9(3), N1-Eu-N2 61.8(2), N1-Eu-N3 121.3(2), N1-Eu-O1 76.4(2), N1-Eu-O2 152.5(2), N1-Eu-O3 88.3(2), N2-Eu-N3 59.8(2), N2-Eu-O1 135.8(2), N2-Eu-O2 139.8(2), N2-Eu-O3 81.0(2), N3-Eu-O2 81.4(2), N3-Eu-O3 78.1(2), O1-Eu-N3 154.2(2), O1-Eu-O2 77.3(2), O1-Eu-O3 84.3(2), O2-Eu-O3 81.1(2).

Verbindung **2** kristallisiert in der monoklinen Raumgruppe $P2_1/c$. Die Wasserstoffatome der Borhydridgruppe konnten nicht frei verfeinert werden. Das Europiumatom ist in Form einer leicht verzerrten pentagonalen Bipyramide koordiniert (KZ = 7), wobei die Grundfläche aus den drei koordinierenden Stickstoffatomen des Liganden und zwei Sauerstoffatomen der koordinierenden THF-Moleküle gebildet wird. Komplettiert wird die Umgebung des Zentralmetalls von der BH_4^--Gruppe und dem Sauerstoffatom des dritten koordinierenden THF-Moleküls. Abweichungen von der Idealgeometrie der pentagonalen Bipyramide ergeben sich zum einen daraus, dass der Winkel B-Eu-O3 mit 170.9(3)° signifikant von der linearen Geometrie (180°) abweicht und sich so eine Abwinkelung der Pyramidenspitzen ergibt. Zum anderen aus der Tatsache, dass die fünf Atome, welche die Pyramidengrundfläche aufspannen (N1, N2, N3, O1, O2) nicht genau in einer Ebene liegen, was man an der Summation aller

Valenz-Winkel zu 356.7° erkennt. Die BH_4^--Gruppe steht cisoid zu den Liganden-donorfunktionen. Mit 2.773(11) Å ist der Abstand Europium-Bor sehr lang, was auf eine schwache Bindung hinweist. Er ist in guter Übereinstimmung mit dem Eu-B-Abstand der literaturbekannten zweiwertigen Europium-Borhydridverbindung [{(Me$_3$SiNPPh$_2$)$_2$CH}Eu(BH$_4$)(THF)$_2$] mit 2.7646(6) Å.[46] Die Koordination des dreizähnigen Pyrrolyl-Liganden an das Zentralmetall führt zu sehr unterschiedlichen Stickstoff-Europium-Abständen: Eu-N2 ist mit 2.492(6) Å deutlich kürzer als Eu-N1 mit 2.930(6) Å und Eu-N3 mit 3.038(6) Å. Die Eu-N2-Bindung ist demnach mit Abstand die stärkste, was darauf hindeutet, dass die negative Ladung des monoanionischen Ligandensystems im Komplex nicht gleichmäßig verteilt ist, sondern sich am zentralen Stickstoffatom (N2) „konzentriert". Die beobachteten Bindungsabstände sind in guter Übereinstimmung mit den Abständen in dem bereits bekannten zweiwertigen Europiumkomplex [(dipp)$_2$pyrEuI(THF)$_3$], der statt der BH_4^--Gruppe in **2** ein Iodid trägt.[61] Auch die Verzerrung der pentagonalen Bipyramide stimmt mit dem bereits bekannten Iodo-Analogon überein. Alle Europium-Sauerstoff-Abstände sind näherungsweise gleich.

Verbindung **3** konnte NMR-spektroskopisch untersucht werden (^{1}H, ^{11}B, ^{13}C{^{1}H} und ^{171}Yb{^{1}H}), wobei sich zeigt, dass die 2,6-Di(*iso*-propyl)phenyl-Reste in Lösung frei drehbar sind, was an der Existenz lediglich eines Dubletts bei 1.19 ppm im ^{1}H-NMR ersichtlich wird. Die vier Protonen der BH_4^--Gruppe sind im Bereich von 0.19 - 0.97 ppm als breites Quartett zu erkennen, wobei sich die Kopplungskonstante von 82.4 Hz auch sehr gut durch ein ^{1}H-gekoppeltes ^{11}B-Spektrum bestätigen lässt (Abbildung 20).

Ergebnisse und Diskussion

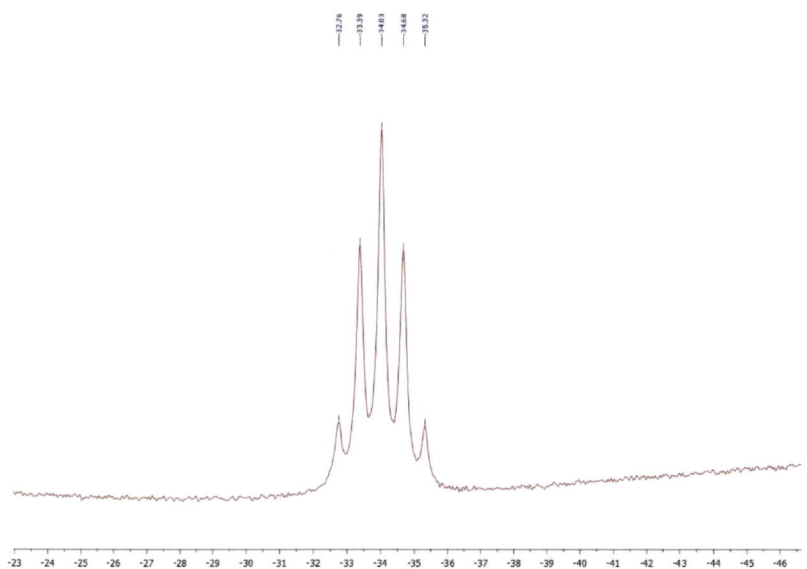

Abbildung 20: ^{11}B-NMR von **3** mit ^{1}H-Kopplung, aufgenommen in deuteriertem THF ($^{1}J_{H-B}$ = 82.7 Hz) bei 296 K.

Durch Kopplung mit den vier Protonen der BH_4^--Gruppe wird das Signal des Boratoms in ein Quintett bei -34 ppm aufgespalten und liegt somit im Bereich schon bekannter Borhydridverbindungen. Auch die Kopplungskonstante stimmt mit den literaturbekannten Werten überein. Das ^{171}Yb-NMR weist ein breites Signal bei 619 ppm auf (Abbildung 21).

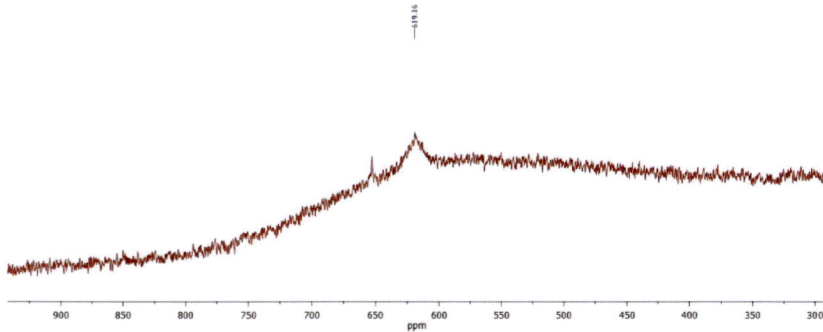

Abbildung 21: ^{171}Yb{^{1}H} von **3**, aufgenommen in deuteriertem THF bei 296 K.

Yttterbium in der Oxidationsstufe +II ist diamagnetisch und besitzt einen Kernspin von 1/2. Mit einer natürlichen Häufigkeit von 14.3 % und einer um drei Zehnerpotenzen geringeren Anregungs-Empfindlichkeit als ein Proton benötigt die ^{171}Yb-Messung je nach Umgebung im Molekül mehrere Tage.[62] Das gefundene Yb-Signal liegt in einem ähnlichen Bereich wie das einer bereits bekannten zweiwertigen Yb-Borhydridverbindung unter Verwendung eines bidentaten Bis(phosphinimino)methanid-Liganden.[46]

Verbindung **3** konnte über EI-MS identifiziert werden (Molpeak - BH$_4$ bei *m/z* = 614 amu). Das erhaltene IR-Spektrum zeigt im Bereich von 2000 bis 2600 cm^{-1} sehr breite, schlecht aufgelöste Banden, so dass eine Bestimmung des Koordinationsmodus der Borhydridgruppe über IR-Spektroskopie nicht möglich war.

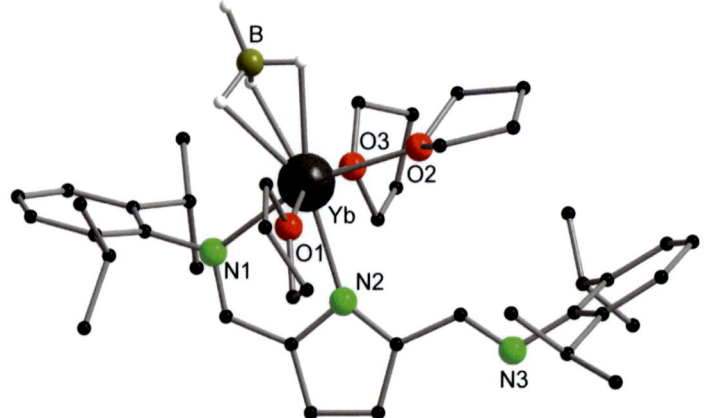

Abbildung 22: Struktur von **3** im Festkörper ohne Darstellung der kohlenstoffgebundenen Wasserstoffatome. Ausgewählte Abstände [Å] und Winkel [°]: Yb-B 2.595(9), Yb-N1 2.511(5), Yb-N2 2.456(5), Yb-O1 2.450(5), Yb-O2 2.476(4), Yb-O3 2.429(4); O1-Yb-O3 161.1(2), N2-Yb-O3 82.4(2), N2-Yb-O1 81.3(2), O2-Yb-O3 83.6(2), O1-Yb-O2 87.4(2), N2-Yb-O2 91.8(2), N1-Yb-O3 89.7(2), N1-Yb-O1 93.6(2), N1-Yb-N2 69.7(2), N1-Yb-O2 161.1(2), B-Yb-O3 97.6(2), B-Yb-O1 99.9(2), B-Yb-N2 171.4(3), B-Yb-O2 96.7(3), B-Yb-N1 101.7(3).

Verbindung **3** kristallisiert in der triklinen Raumgruppe $P\bar{1}$. Das zentrale Ytterbiumatom ist hier verzerrt oktaedrisch koordiniert (KZ = 6) und erfährt in der Koordinationsgeometrie eine strukturelle Veränderung im Vergleich zum Europium-Analogon: Dadurch, dass Yb(II) deutlich kleiner ist als Eu(II), ist es dem Liganden nun nicht mehr möglich mit allen drei zur Koordination befähigten Stickstoffdonorfunktionen das Metall zu koordinieren, weswegen die dritte Stickstoffdonorfunktion (N3) vom Metall wegzeigt und keinerlei Wechselwirkungen ausbilden kann. Ein ähnlicher Sachverhalt wurde in der analogen Ytterbium-Iodo-Verbindung[61] [(dipp)$_2$pyrYbI(THF)$_3$] beobachtet, jedoch tritt das vollständige Fehlen von N3-Yb-Wechselwirkungen hier zum ersten Mal auf. Bekannt ist dieses Strukturmotiv des Pyrrolyl-Liganden lediglich vom analogen Calcium-Iodo-Komplex [(dipp)$_2$pyrCaI(THF)$_3$].[63]

Aufgrund der geringeren Ionengröße des Zentralmetalls sind die Bindungslängen deutlich kürzer als in Verbindung **2**. So beträgt beispielsweise der Yb-B-Abstand 2.595(9) Å, wobei die BH_4^--Gruppe im κ^3(H)-Modus an das Ytterbiumatom bindet. Die Wasserstoffatome der Borhydridgruppe konnten frei verfeinert werden. Die Unterschiede in den Bindungslängen der koordinierenden Stickstoffatome des Liganden zum Ytterbiumatom fallen mit Yb-N1 von 2.511(5) Å und Yb-N2 von 2.456(5) Å bei **3** nicht so deutlich aus wie in der Europium-Verbindung **2**. Dies liegt unter anderem an den geänderten sterischen Faktoren: das Stickstoffatom N1 kann nun näher an das Ytterbium-Ion heranrücken als in der tridentaten Koordination bei Verbindung **2**. Die Ytterbium-Sauerstoff-Abstände sind näherungsweise gleich.

Bei der Betrachtung der verschiedenen Koordinationsmodi des Pyrrolyl-Liganden in **2** und **3** wird deutlich, warum dieser Ligand in der Komplexchemie der Lanthanoide so erfolgreich eingesetzt wird. Durch die Möglichkeit, sowohl bi- als auch tridentat an ein Metallzentrum zu koordinieren war es möglich, ein zweiwertiges Ytterbiumkation mithilfe des Pyrrolyl-Liganden vollständig abzuschirmen unter Bildung des homoleptischen Komplexes **4** (Abbildung 23). Dazu wurde [YbI$_2$(THF)$_2$] mit zwei Äquivalenten [(dipp)$_2$pyrK] in THF bei Raumtemperatur umgesetzt, woraus Verbindung **4** unter KI-Abspaltung in Form grüner Kristalle hervorging.

Die Charakterisierung von **4** erfolgte mittels NMR-Spektroskopie (^{1}H und ^{13}C{^{1}H}) und über IR-Spektroskopie. An der Existenz lediglich eines Dubletts bei 1.22 ppm im

^{1}H-NMR wird ersichtlich, dass die 2,6-Di(*iso*-propyl)phenyl-Reste in Lösung frei drehbar sind.

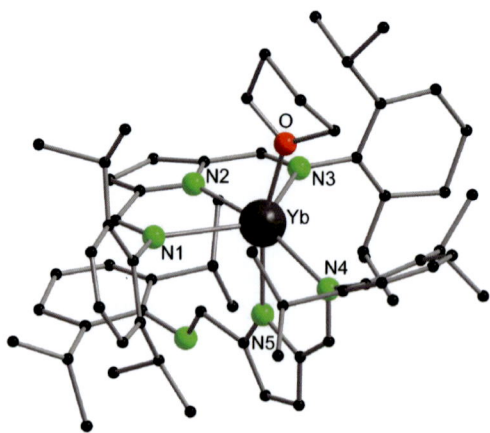

Abbildung 23: Struktur von **4** im Festkörper ohne Darstellung der Wasserstoffatome.

Verbindung **4** wurde in der chiralen Raumgruppe $P2_1$ gelöst und verfeinert, jedoch liegt die Vermutung nahe, dass das nicht die korrekte Raumgruppe ist. Allerdings scheitert die Lösung der Struktur in einer Raumgruppe höherer Symmetrie an den signifikant höheren Fehlerwerten, sodass die Lösung unter $P2_1$ am sinnvollsten erscheint.

Die Qualität des erhaltenen Datensatzes ist für eine Diskussion der Bindungslängen und -winkel nicht ausreichend, jedoch lassen sich eindeutig die beiden Bindungsmodi des Pyrrolyl-Liganden erkennen. Ein Ligand-Molekül koordiniert über drei Stickstoffatome an das Ytterbiumatom, wohingegen das zweite Ligand-Molekül aus sterischen Gründen mit lediglich zwei Stickstoffatomen koordinieren kann, wobei das dritte Stickstoffatom vom Metall wegzeigt. Komplettiert wird die Koordinationssphäre durch ein THF-Molekül. Die Koordinationszahl beträgt 6 und ist in Form eines stark verzerrten Oktaeders realisiert.

3.2 Seltenerdmetall-Borhydridkomplexe des {2-(2,6-diisopropylphenyl)amino-4-(2,6-diisopropylphenyl)imino}-pent-2-enyl-Liganden

Die monoanionischen β-Diketiminato-Ligandensysteme sind schon seit längerer Zeit bekannt.[64] Sie lassen sich relativ einfach aus preiswerten Edukten über eine säurekatalysierte zweifache Kondensationsreaktion des entsprechenden Anilinderivates mit einem Diketon, gefolgt von einem Deprotonierungsschritt, darstellen. Über diesen Syntheseweg sind - je nach Wahl der Edukte - eine Vielzahl von Liganden zugänglich. Die daraus resultierenden spezifischen sterischen und elektronischen Eigenschaften prädestinieren diesen Ligandtyp hervorragend für den Einsatz in der Komplexchemie der Lanthanoide. Der Grundkörper ist in seiner bidentaten Funktion eines der fundamentalen Chelatsysteme in der Koordinationschemie.

Die Darstellung des in dieser Arbeit verwendeten β-Diketiminato-Liganden ((dipp)$_2$NacNacH) erfolgte durch Umsetzung zweier Äquivalente Diisopropylanilin unter Säurekatalyse mit Acetylaceton, welcher anschließend mit Kaliumhydrid deprotoniert wurde (Abbildung 24). [(dipp)$_2$NacNacK] wurde standardanalytisch charakterisiert.

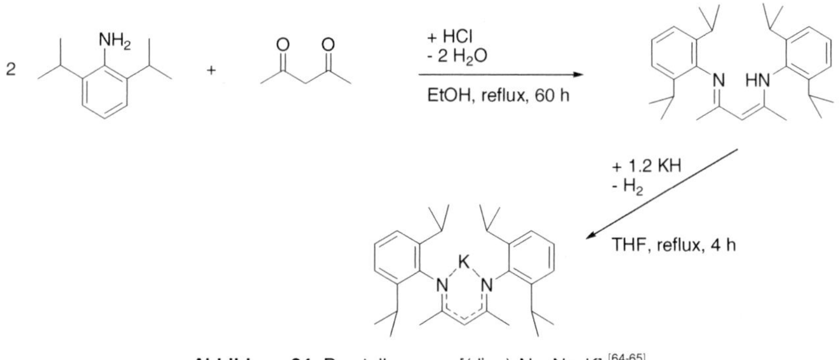

Abbildung 24: Darstellung von [(dipp)$_2$NacNacK].[64-65]

3.2.1 Darstellung der zweiwertigen Komplexe

Durch Umsetzung des Kaliumsalzes des (dipp)₂NacNac-Liganden mit den Bis-Borhydriden des Samariums, des Europiums und des Ytterbiums bei Raumtemperatur konnten die Verbindungen **5**, **6** und **7** als schwarze, gelbe und orangefarbene nadelförmige Kristalle erhalten werden (Abbildung 25).

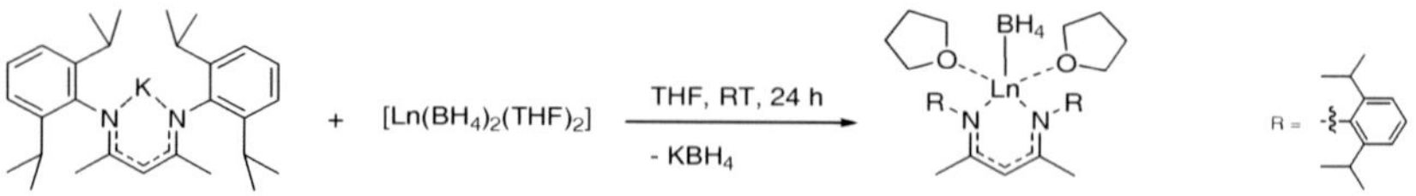

Abbildung 25: Synthese von **5**, **6** und **7**, wobei Ln = Sm (**5**), Eu (**6**) und Yb (**7**).

Komplex **7** wurde mittels NMR-Spektroskopie untersucht (^{1}H, ^{11}B, ^{13}C{^{1}H} und ^{171}Yb{^{1}H}). Im ^{1}H-Spektrum ist am Auftreten zweier Dubletts bei 1.19 und 1.27 ppm zu erkennen, dass die Rotationsbarriere der 2,6-Di(*iso*-propyl)phenyl-Reste in Lösung nicht überwunden wird. Das ^{171}Yb{^{1}H}-NMR (Abbildung 26) zeigt ein breites Signal bei 753.5 ppm.

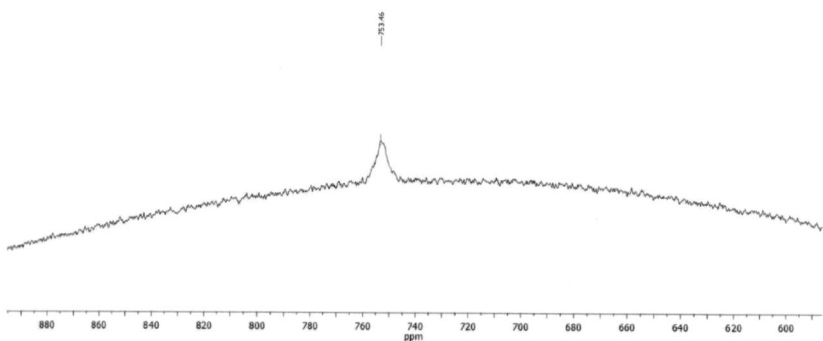

Abbildung 26: ^{171}Yb{^{1}H} von **7**, aufgenommen in deuteriertem THF bei 296 K.

Die chemische Verschiebung des Ytterbiumatoms in Komplex **7** liegt in einer ähnlichen Größenordnung wie die des Ytterbiumatoms in Verbindung **4**.

Ergebnisse und Diskussion 29

Es konnten keine Massenspektren für die Verbindungen **5**, **6** und **7** erhalten werden. Die IR-Spektren aller Verbindungen zeigen im Bereich von 2000 bis 2600 cm^{-1} sehr breite, schlecht aufgelöste Banden, so dass eine Bestimmung des Koordinationsmodus der Borhydridgruppe über IR-Spektroskopie nicht möglich war. Für die Verbindungen **5**, **6** und **7** konnten passende Elementaranalysen erhalten werden.

Die Komplexe **5**, **6** und **7** sind isostrukturell und kristallisieren in der triklinen Raumgruppe $P\bar{1}$ (Abbildung 27) mit einem Molekül in der asymmetrischen Einheit.

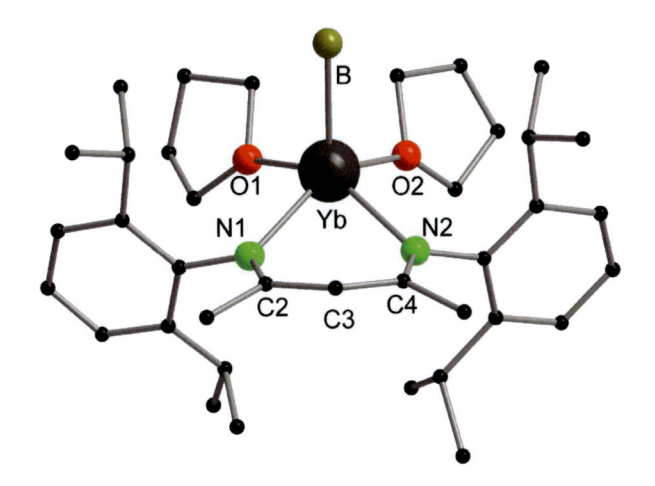

Abbildung 27: Struktur von **7** im Festkörper ohne Darstellung der Wasserstoffatome. Ausgewählte Abstände [Å] und Winkel [°] sind für die isostrukturellen Verbindungen **5** - **7** angegeben:

7: Yb-B 2.576(8), Yb-N1 2.405(5), Yb-N2 2.413(5), Yb-O1 2.455(5), Yb-O2 2.448(4), C2-N1 1.329(7), C2-C3 1.403(8), C3-C4 1.412(9), C4-N2 1.325(7); B-Yb-N1 112.7(2), B-Yb-N2 111.9(2), B-Yb-O1 105.0(2), B-Yb-O2 104.6(2), C2-C3-C4 131.4(5), C3-C2-N1 124.6(5), C3-C4-N2 124.8(5), N1-Yb-N2 79.7(2), N1-Yb-O1 91.7(2), N1-Yb-O2 142.5(2), N2-Yb-O1 142.7(2), N2-Yb-O2 90.8(2), O1-Yb-O2 74.3(2), Yb-N1-C2 121.4(4), Yb-N2-C4 121.5(4).
5: Sm-B 2.736(7), Sm-N1 2.517(4), Sm-N2 2.522(4), Sm-O1 2.573(4), Sm-O2 2.570(4), C2-C3 1.406(7), C2-N1 1.326(6), C3-C4 1.420(7), C4-N2 1.334(6); B-Sm-N1 115.7(2), B-Sm-N2 115.5(2), B-Sm-O1 104.3(2), B-Sm-O2 105.8(2), C2-C3-C4 130.8(4), C3-C2-N1 125.0(4), C3-C4-N2 124.4(4), N1-Sm-N2 75.22(12), N1-Sm-O1 139.80(12), N1-Sm-O2 91.75(12), N2-Sm-O1 91.42(12), N2-Sm-O2 138.46(12), O1-Sm-O2 73.30(12), Sm-N1-C2 121.9(3), Sm-N2-C4 122.5(3).
6: Eu-B 2.744(8), Eu-N1 2.510(4), Eu-N2 2.514(4), Eu-O1 2.564(4), Eu-O2 2.560(4), C2-C3 1.406(8), C2-N1 1.326(6), C3-C4 1.393(8), C4-N2 1.338(7); B-Eu-N1 115.0(2), B-Eu-N2 114.4(2), B-Eu-O1

106.4(2), B-Eu-O2 104.4(2), C2-C3-C4 131.9(5), C3-C2-N1 125.0(5), C3-C4-N2 124.8(5), Eu-N1-O2 121.0(3), Eu-N2-C4 121.4(4), N1-Eu-N2 76.04(14), N1-Eu-O1 91.29(14), N1-Eu-O2 140.47(15), N2-Eu-O1 138.95(15), N2-Eu-O2 91.49(15), O1-Eu-O2 73.68(15).

Bei den Verbindungen **5**, **6** und **7** bildet sich ein wannenförmiger Metallacyclus (Ln-N2-C4-C3-C2-N1) durch die bidentate Koordination des Liganden an das Zentralmetall. Dieses ist verzerrt quadratisch-pyramidal koordiniert (KZ = 5), wobei die Pyramidenspitze von der BH_4^--Gruppe gebildet wird. Bei keiner der isostrukturellen Verbindungen konnten die Wasserstoffatome der Borhydridgruppe frei verfeinert werden. Dies liegt unter anderem daran, dass die THF-Moleküle ebenso wie die *iso*propyl-Reste fehlgeordnet sind und somit die freie Verfeinerung der Wasserstoffatome nicht mehr möglich ist. Die Grundfläche der Pyramide wird von den beiden Stickstoffatomen des Liganden auf der einen Seite und den beiden Sauerstoffatomen der koordinierenden THF-Moleküle auf der anderen Seite aufgespannt. Die Verzerrung der quadratischen Pyramide ist vor allem auf die unterschiedlichen Bindungswinkel der basalen Atome zur Pyramidenspitze zurückzuführen: Die beiden Winkel B-Ln-N1 115.7(2)° (**5**), 115.0(2)° (**6**), 112.7(2)° (**7**) und B-Ln-N2 115.5(2)° (**5**), 114.4(2)° (**6**), 111.9(2)° (**7**) der Stickstoffdonoren des Liganden zum Boratom befinden sich jeweils in derselben Größenordnug - sie unterscheiden sich jedoch deutlich von denen der beiden Sauerstoffatome der THF-Moleküle zum Boratom mit B-Ln-O1 104.3(2)° (**5**), 106.4(2)° (**6**), 105.0(2)° (**7**) und B-Ln-O2 105.8(2)° (**5**), 104.4(2)° (**6**), 104.6(2)° (**7**). Daraus resultiert eine Neigung der Pyramidenspitze zu den THF-Molekülen und somit eine Abweichung von der Idealgeometrie. Dies liegt am deutlich höheren sterischen Anspruch des (dipp)$_2$NacNac-Liganden im Vergleich zu den THF-Molekülen. Der Bisswinkel des Liganden N1-Ln-N2 beträgt 75.22(12)° (**5**), 76.04(14)° (**6**), 79.7(2)° (**7**) und ist deutlich größer als der in der Grundfläche gegenüberliegende Winkel O1-Ln-O2 mit 73.30(12)° (**5**), 73.68(15)° (**6**), 74.3(2)° (**7**).

Beim Vergleich der isostrukturellen Verbindungen **5**, **6** und **7** fällt eine Veränderung der Bindungslängen und -winkel auf, welche mit der Größe des Zentralmetalls korreliert ist. Bei der Yb-Verbindung **7** sind sämtliche Bindungslängen des Metallkations zu den koordinierenden Atomen deutlich kürzer, als bei den beiden übrigen Komplexen; so ist beispielsweise der Abstand Yb-B mit 2.576(8) Å signifikant kleiner als der

Ergebnisse und Diskussion 31

Abstand Sm-B mit 2.736(7) Å. Zwischen **5** und **6** liegen die Unterschiede in den Bindungslängen und -winkeln im Bereich des Fehlerintervalls.
Der Bisswinkel des Liganden ist bei Verbindung **7** mit 79.7(2)° deutlich größer als der bei Verbindung **5** mit 75.23(12)°. Dies liegt daran, dass der Ligand bei einem kleineren Metallkation besser in der Lage ist, dieses zu umschließen, was eine Aufweitung des Bisswinkels und eine Verkürzung der Bindungsabstände zur Folge hat.

3.2.2 Darstellung der dreiwertigen Komplexe

Da die Synthese der zweiwertigen Komplexe sehr erfolgreich war, sollten nun unterschiedliche dreiwertige Komplexe dargestellt werden, um so ein Größenscreening der verschiedenen Lanthanoide zu erhalten und etwaige Strukturänderungen genauer zu untersuchen.

Durch die Reaktion von [(dipp)$_2$NacNacK] mit den Tris-Borhydriden der entsprechenden Lanthanoiden (Abbildung 28) konnten die Verbindungen **8 - 11** dargestellt und als Einkristalle erhalten werden.

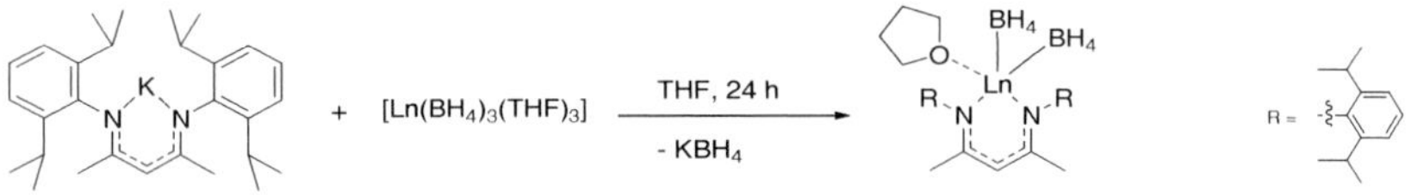

Abbildung 28: Synthese von **8 - 11**, wobei Ln = Sc (**8**), Sm (**9**), Dy (**10**) und Yb (**11**).

Verbindungen **8** und **9** konnten über NMR-Spektroskopie untersucht werden (^{1}H, ^{11}B, ^{13}C{^{1}H}). Bei **9** sind deutlich paramagnetische Verbreiterungen der Signale erkennbar, welche durch den paramagnetischen Anteil des Samarium(III)-Kations hervorgerufen werden. Es zeigt sich, dass in Lösung die Rotationsbarriere der 2,6-Di(*iso*propyl)phenyl-Reste nicht überwunden wird, was am Auftreten zweier Dubletts bei 1.17 ppm und 1.29 ppm (**8**) bzw. bei -0.14 ppm und 1.03 ppm (**9**) zu erkennen ist.

Für Verbindung **8** konnte ein hochauflösendes EI-Massenspektrum erhalten werden (Molpeak bei *m/z* = 492.36 amu). Die IR-Spektren aller Verbindungen zeigen im Bereich von 2000 bis 2600 cm^{-1} sehr breite, schlecht aufgelöste Banden, so dass eine Bestimmung des Koordinationsmodus der Borhydridgruppen über IR-Spektroskopie nicht möglich war. Für die Verbinungen **8 - 11** konnten passende Elementaranalysen erhalten werden.

Die Komplexe **9 - 11** kristallisieren in der monoklinen Raumgruppe $P2_1/c$ (Abbildung 29) und sind isostrukturell. Die Raumgruppe von **8** ist $P\bar{1}$ (triklin). Die Qualität der Datensätze, welche für **8** und **10** erhalten wurden reicht nicht aus, um Bindungslängen und -winkel genau zu diskutieren. Verbindungen **9 - 11** kristallisieren mit zwei Moleküleinheiten in der asymmetrischen Einheit, die leicht gegeneinander verdreht sind.

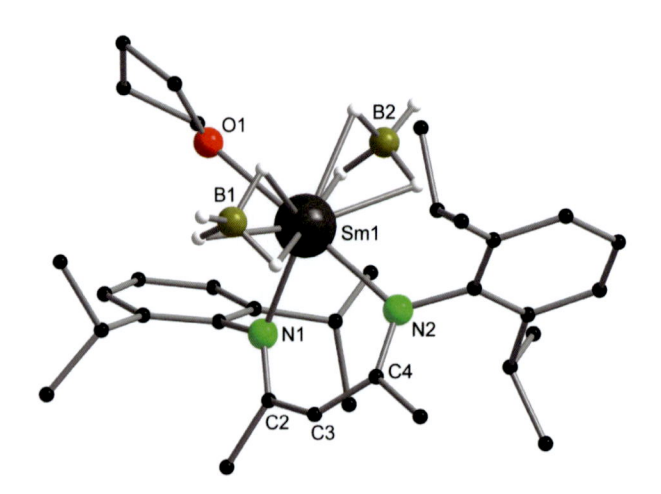

Abbildung 29: Struktur von **9** im Festkörper ohne Darstellung der kohlenstoffgebundenen Wasserstoffatome. Ausgewählte Abstände [Å] und Winkel [°] sind für **9** und die isostrukturelle Verbindung **11** angegeben:
9: Sm1-B1 2.596(3), Sm1-B2 2.578(3), Sm1-N1 2.354(2), Sm1-N2 2.370(2), Sm1-O1 2.5012(14), C2-N1 1.325(2), C2-C3 1.411(3), C3-C4 1.397(3), C4-N2 1.342(3); B1-Sm1-B2 141.29(10), B1-Sm1-N1 103.49(7), B1-Sm1-N2 99.96(7), B1-Sm1-O1 85.39(7), B2-Sm1-N1 113.78(9), B2-Sm1-N2 96.58(7), B2-Sm1-O1 81.25(7), C2-C3-C4 130.6(2), C3-C2-N1 123.5(2), C3-C4-N2 124.5(2), N1-Sm1-N2 79.83(6), N1-Sm1-O1 95.37(5), N2-Sm1-O1 173.48(5), Sm1-N1-C2 121.28(12), Sm1-N2-C4 116.29(12).

11: Yb1-B1 2.484(6), Yb1-B2 2.478(8), Yb1-N1 2.268(4), Yb1-N2 2.283(4), Yb1-O1 2.412(3), C2-C3 1.419(7), C2-N1 1.323(7), C3-C4 1.400(7), C4-N2 1.350(7); B1-Yb1-B2 135.3(3), B1-Yb1-N1 104.9(2), B1-Yb1-N2 99.0(2), B1-Yb1-O1 86.5(2), B2-Yb1-N1 118.4(3), B2-Yb1-N2 96.4(2), B2-Yb1-O1 81.8(2), C2-C3-C4 130.7(5), C3-C2-N1 123.0(5), C3-C4-N2 124.1(4), N1-Yb1-N2 83.25(14), N1-Yb1-O1 92.32(13), N2-Yb1-O1 173.69(13), Yb1-N1-C2 120.8(3), Yb1-N2-C4 115.6(3).

Bei den Verbindungen **8 - 11** bildet sich - wie schon bei den zweiwertigen Komplexen - ein wannenförmiger Metallacyclus (Ln1-N2-C4-C3-C2-N1) durch die bidentate Koordination des Liganden an das Zentralmetall. Die Koordinationszahl beträgt 5 und ist in Form einer leicht verzerrten trigonalen Bipyramide realisiert. Die Grundfläche wird aus einem Stickstoffatom des Liganden und den beiden BH_4^--Gruppen gebildet, wohingegen das Sauerstoffatom des THF-Moleküls und das zweite koordinierende Stickstoffatom des Liganden die Spitze darstellen. Dies zeigt die geringe Abweichung des Winkels N2-Ln1-O1 mit 173.48(5)° (**9**) und 173.69(13)° (**11**) von der Linearität (180°). Die Summation der Valenzwinkel in der Grundfläche zu 358.5° (**9**) und 358.6° (**11**) zeigt eine leichte Abweichung von der Idealgeometrie. Dabei ist der Winkel B1-Ln1-B2 mit 141.29(10)° (**9**) und 135.3(3)° (**11**) deutlich größer als die beiden übrigen Winkel B2-Ln1-N1 mit 113.78(9)° (**9**) und 118.4(3)° (**11**) sowie B1-Ln1-N1 mit 103.49(7)° (**9**) und 104.9(2)° (**11**).

Beide Lanthanoid-Borabstände, Ln1-B1 mit 2.596(3) Å (**9**) und 2.484(6) Å (**11**) sowie Ln1-B2 mit 2.578(3) Å (**9**) und 2.478(8) Å (**11**), sind näherungsweise gleich. Die BH_4^--Gruppen binden terminal im κ^3(H)-Modus an das Metall. Die Wasserstoffatome der Borhydridgruppe konnten bei Verbindung **9** frei verfeinert werden - bei **8**, **10** und **11** war dies nicht möglich. Der Bisswinkel des Liganden N1-Ln1-N2 beträgt 79.83(6)° (**9**) und 83.25(14)° (**11**). Der Ligandenbisswinkel von **9** ist in guter Übereinstimmung mit dem des analogen literaturbekannten Samarium-BTSA-Komplexes [(dipp)$_2$NacNacSm(BTSA)$_2$] mit 78.00(11)°.[66]

Vergleicht man die Verbindungen **8 - 11** miteinander, so lassen sich die für eine Abnahme der Metallkationengröße typischen Änderungen der Bindungslängen und -winkel erkennen (Tabelle 2). Da die jeweiligen Bindungslängen und -winkel der Verbindungen **8** und **10** die beobachtete Tendenz untermauern, wurden sie grau unterlegt dargestellt.

Verbindung	Ln-B1 [Å]	Ln-B2 [Å]	N1-Ln-N2 [°]	Ionenradius [Å]
8	2.356(6)	2.542(7)	87.4(2)	0.89
9	2.596(3)	2.578(3)	79.83(6)	1.10
10	2.5051(12)	2.516(14)	81.8(3)	1.05
11	2.484(6)	2.478(8)	83.25(14)	1.01

Tabelle 2: Vergleich ausgewählter Bindungslängen und -winkel von **8**, **9**, **10** und **11** in Relation zur Ionengröße des Lanthanoids.[1, 3] Bei den grau unterlegten Verbindungen ist die Qualität des erhaltenen Datensatzes nicht ausreichend für eine exakte Diskussion der Bindungslängen und -winkel.

Je kleiner das Lanthanoid-Kation wird, desto geringer sind auch die Bindungsabstände zu den koordinierenden Atomen. Dieser Trend ist ebenso bei den Abständen Ln-N1, Ln-N2 und Ln-O1 zu beobachten. So sind beispielsweise die Bindungsabstände Yb1-N1 mit 2.268(4) Å und Yb1-N2 mit 2.283(4) Å deutlich kleiner als die Bindungsabstände Sm1-N1 mit 2.354(2) Å und Sm1-N2 mit 2.370(2) Å. Letztere sind in guter Übereinstimmung mit denen des zuvor erwähnten analogen Komplexes [(dipp)$_2$NacNacSm(BTSA)$_2$] (Sm-N1 2.428(3) Å und Sm-N2 2.503(3) Å).[66] Die Yb-N-Abstände bei Verbindung **11** sind in guter Übereinstimmung mit denen des verbrückten Chlorokomplexes [{(dipp)$_2$NacNacYbCl$_2$}] mit Yb1-N1 2.253(5) Å, Yb1-N2 2.282(5) Å, Yb2-N3 2.295(5) Å und Yb2-N4 2.298(5) Å.[67]
Der Bisswinkel des Liganden hingegen nimmt mit abnehmender Ionengröße stetig zu. Dies liegt daran, dass der Ligand immer näher an das Metallion „heranrückt" und es so besser umschließen kann. Daraus resultiert dann ein größerer Winkel N1-Ln-N2.

Nach derselben Syntheseroute wie in Abbildung 28 wurde auch versucht, das Lutetium-Analogon zu den Verbindungen **8** - **11** zu synthetisieren, jedoch gelangten in die Reaktionsmischung Spuren von Luft. Deswegen wurde anstelle eines isostrukturellen Lutetium-Borhydridkomplexes Verbindung **12** in Form blassoranger Einkristalle erhalten (Abbildung 30), welche noch nicht reproduziert werden konnten.

Ergebnisse und Diskussion 35

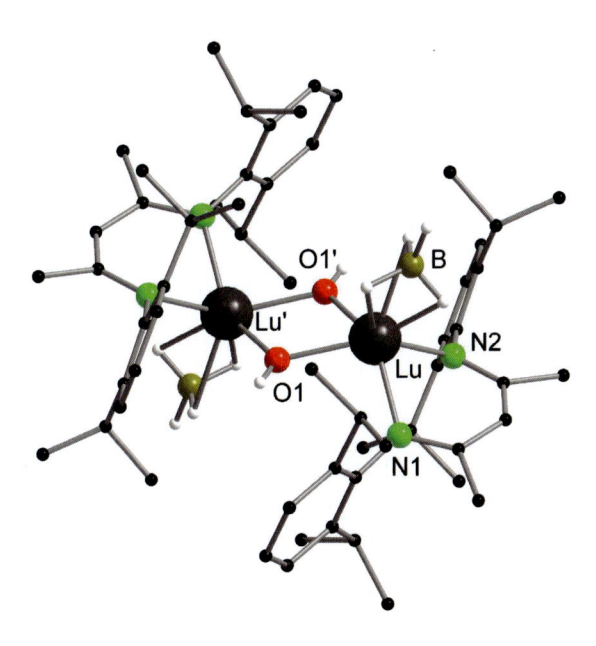

Abbildung 30: Struktur von **12** im Festkörper ohne Darstellung der kohlenstoffgebundenen Wasserstoffatome. Ausgewählte Abstände [Å] und Winkel [°]: Lu-B 2.419(6), Lu-N1 2.284(3), Lu-N2 2.276(3), Lu-O1 2.186(3), Lu-O1' 2.197(3); B-Lu-N1 106.10(2), B-Lu-N2 107.5(2), B-Lu-O1 112.9(2), B-Lu-O1' 111.9(2), Lu-O1-Lu' 108.30(13), N1-Lu-N2 83.76(12), N1-Lu-O1 90.00(12), N1-Lu-O1' 141.79(13), N2-Lu-O1 139.33(13), N2-Lu-O1' 88.92(12), O1-Lu-O1' 71.70(13).

Verbindung **12** kristallisiert in der monoklinen Raumgruppe $P2_1/c$ mit der Hälfte des in Abbildung 30 dargestellten Moleküls in der asymmetrischen Einheit. Das Lutetiumion ist quadratisch-pyramidal koordiniert (KZ = 5), wobei die BH_4^--Gruppe die Spitze der Pyramide bildet. Die Wasserstoffatome der Borhydrid- und der Hydroxidgruppe konnten frei verfeinert werden. Da nun anstelle einer zweiten BH_4^--Einheit - wie bei den Verbindungen **8 - 11** - eine OH^--Gruppe an das Metallzentrum koordiniert, ändert sich auch das strukturgebende Motiv: Dadurch, dass das Hydroxid-Ion einen geringeren sterischen Anspruch besitzt als das Borhydrid-Ion, würde die Koordinationssphäre einer zu **8 - 11** isostrukturellen Lutetiumverbindung nicht hinreichend ausgefüllt. Dies führt nun zur Dimerisierung über zwei verbrückende Hydroxid-Gruppen.

Der Lutetium-Bor-Abstand fügt sich mit 2.419(6) Å in die Tendenz der Ln-B-Abstände von Tabelle 2 ein. Dies korreliert mit der geringeren Ionengröße des Lu(III)-Ions im Vergleich zu denen der anderen Seltenerdmetalle. Auch der Bisswinkel des Liganden mit 83.76(12)° bestätigt den zuvor beschriebenen Trend in der Reihe der Seltenerdmetalle. Die leichte Verzerrung der quadratischen Pyramide lässt sich an der Differenz zwischen den beiden Winkelpaaren B-Lu-N1 (106.10(2)°), B-Lu-N2 (107.5(2)°) und B-Lu-O1 (112.9(2)°), B-Lu-O1' (111.9(2)°) ablesen. Die BH_4^--Gruppe ist also leicht auf die Seite des Liganden geneigt.

3.3 Seltenerdmetall-Borhydridkomplexe des $\{(Me_3SiNPPh_2)(SPPh_2)CH_2\}$-Liganden

Die Basis des in dieser Arbeit verwendeten $\{(Me_3SiNPPh_2)(SPPh_2)CH_2\}$-Liganden bildet die Gruppe der Bis(phosphinimino)methan-Liganden $\{(PPh_2=NR)_2CH_2\}$ (R = $SiMe_3$, aryl).[68] Diese bidentaten N-P-Systeme sind relativ leicht darzustellen, so kann beispielsweise $\{(PPh_2=NSiMe_3)_2CH_2\}$ in einer lösemittelfreien Staudinger-Reaktion aus kommerziell erhältlichen Edukten innerhalb weniger Stunden erhalten werden.[69] Die Bis(phosphinimino)methan-Liganden können durch Deprotonieren in ihre monoanionische Form $\{(PPh_2=NR)_2CH\}^-$, das Bis(phosphinimino)methanid, und in ihre dianionische Form, das Bis(phosphinimino)methandiid, überführt werden.[70] Beide Liganden wurden in der Chemie der Seltenerdmetalle schon weitgehend untersucht.[10b, 17-18, 28j, 30a, 71] Bei den meisten literaturbekannten Seltenerdmetallkomplexen bildet der monoanionische Bis(phosphinimino)methanid-Ligand - neben den Stickstoff-Ln-Bindungen - auch eine Wechselwirkung zwischen dem Methin-Kohlenstoffatom und dem Lanthanoid aus. So ensteht ein Metallacyclus Ln-N-P-C-P-N durch die chelatisierende Koordination des Liganden.

Der seit 2009 bekannte $\{(Me_3SiNPPh_2)(SPPh_2)CH_2\}$-Ligand[72] ist für die Komplexchemie der Seltenen Erden sehr vielversprechend. Er ist in der Lage, ein Metallzentrum durch zwei unterschiedliche Koordinationsstellen in chelatisierender Weise zu komplexieren: über die harte Stickstoffdonorfunktion und die eher weiche Schwefeldonorfunktion. Er kann durch Deprotonieren in die monoanionische Form überführt werden, welche dann zur Koordination an ein Seltenerdmetall in besonderem Maße geeignet ist.[72-73] Da mit dem symmetrisch substituierten Analogon {(Me$_3$SiNPPh$_2$)$_2$CH}⁻ schon diverse Borhydridverbindungen der Seltenerdmetalle bekannt sind,[17, 46] sollte auch der (SP)-(NP)-Ligand in der Lage sein, Seltenerdmetall-Borhydridkomplexe zu stabilisieren und so neue Erkenntnisse über die Koordinationschemie zu liefern.

Die Synthese des Liganden besteht aus zwei Schritten (Abbildung 31).

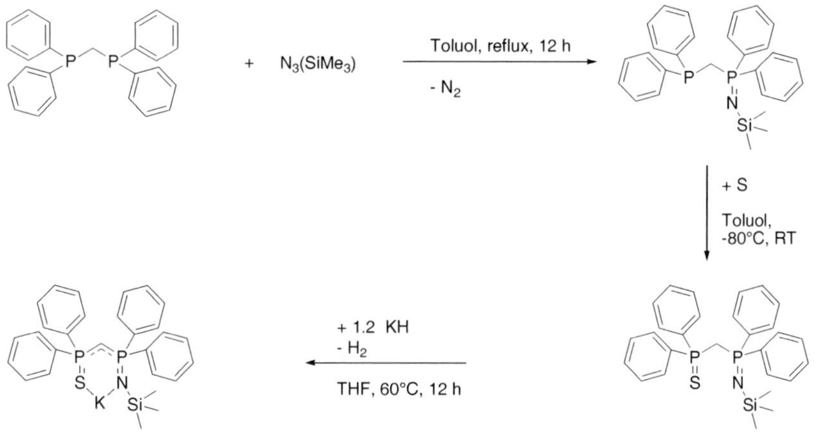

Abbildung 31: Darstellung von [{(Me$_3$SiNPPh$_2$)(SPPh$_2$)CH}K].

Zuerst wird eine Trimethylsilylgruppe (TMS-Gruppe) durch Umsetzung des Eduktes Bis(diphenylphosphino)methan (DPPM) mit Trimethylsilylazid unter Stickstoffabspaltung in das Ligandenrückgrat eingeführt. Danach wird das zweite Phosphoratom mit elementarem Schwefel oxidiert, was zur Bildung des Neutralliganden führt. Das für Salzmetathesereaktionen geeignete Kaliumsalz wird schließlich durch Umsetzung des Neutralliganden mit Kaliumhydrid erhalten.

Das Kaliumsalz des Liganden setzt mit der Zeit - besonders unter reduktiven Bedingungen - Schwefelwasserstoff (H$_2$S) frei, weswegen es ratsam erschien, mehrere vergleichsweise kleine Mengen zu synthetisieren, um so durch möglichst zeitnahe

Weiterreaktion zu den gewünschten Produkten die ungewollte H_2S-Freisetzung zu minimieren. [{$(Me_3SiNPPh_2)(SPPh_2)CH$}K] wurde standardanalytisch charakterisiert.

3.3.1 Darstellung der zweiwertigen Komplexe

Ausgehend von der bereits erfolgreichen Darstellung dreiwertiger Seltenerdmetall-Borhydridverbindungen des {$(Me_3SiNPPh_2)_2CH_2$}-Liganden[17] und den dreiwertigen Chloro- bzw. BDSA-Komplexen des {$(Me_3SiNPPh_2)(SPPh_2)CH_2$}-Liganden[74] sollten nun die zweiwertigen Lanthanoid-Borhydridkomplexe des Samariums, des Europiums und des Ytterbiums unter Verwendung des {$(Me_3SiNPPh_2)(SPPh_2)CH_2$}-Liganden dargestellt und charakterisiert werden. Durch Umsetzung von [$Yb(BH_4)_2(THF)_2$] mit [{$(Me_3SiNPPh_2)(SPPh_2)CH$}K] bei Raumtemperatur (Abbildung 32) und anschließender Aufarbeitung wurde Komplex **13** in Form orange-roter Nadeln aus THF bei -20°C erhalten.

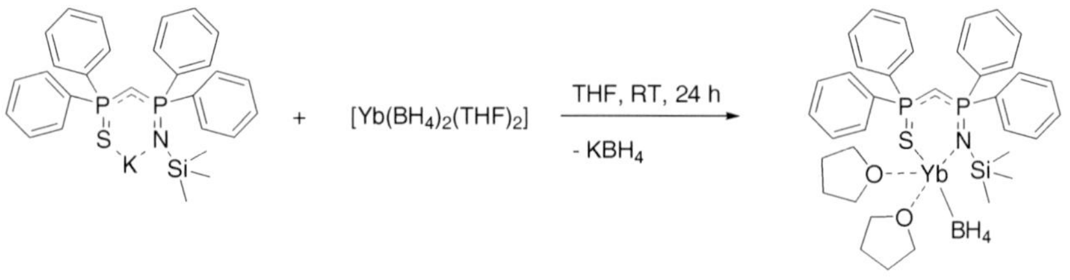

Abbildung 32: Synthese von [{$(Me_3SiNPPh_2)(SPPh_2)CH$}$Yb(BH_4)(THF)_2$] (**13**).

Verbindung **13** konnte mittels NMR-Spektroskopie (^1H, ^{11}B, ^{13}C{^1H}, ^{29}Si{^1H} ^{31}P{^1H} und ^{171}Yb{^1H}) untersucht werden. Insbesondere die Ytterbium-Messungen sind in dieser Form in der Literatur erst einmal durchgeführt worden und werden am Ende dieses Abschnittes diskutiert.[46]

Der Komplex konnte durch ein hochauflösendes EI-Massenspektrum nachgewiesen werden (Molpeak bei *m/z* = 691.36 amu). Das IR-Spektrum zeigt im Bereich von 2000 bis 2600 cm^{-1} sehr breite, schlecht aufgelöste Banden, so dass eine Bestimmung des Koordinationsmodus der Borhydridgruppe über IR-Spektroskopie nicht

Ergebnisse und Diskussion 39

möglich war. Für die Verbindung **13** konnte eine passende Elementaranalyse erhalten werden.

Der erhaltene Komplex **13** kristallisiert in der triklinen Raumgruppe $P\bar{1}$ (Abbildung 33).

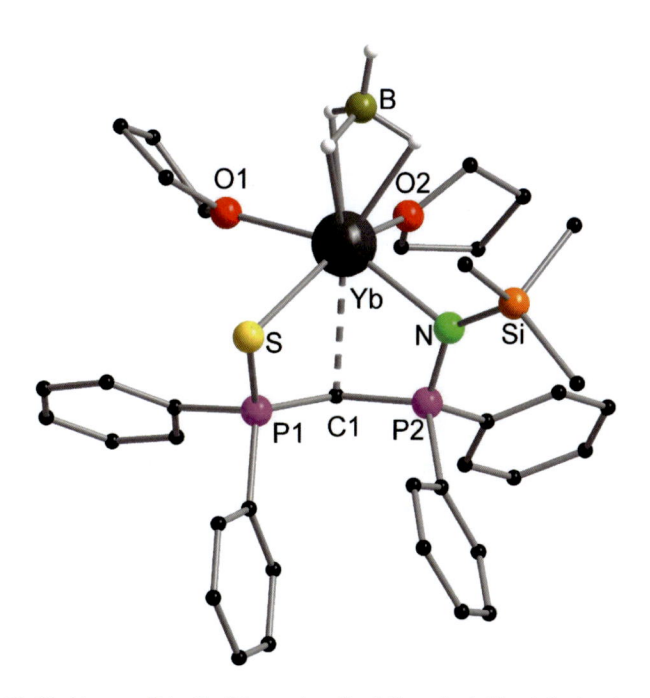

Abbildung 33: Struktur von **13** im Festkörper ohne Darstellung der kohlenstoffgebundenen Wasserstoffatome. Ausgewählte Abstände [Å] und Winkel [°]: Yb-B 2.610(7), Yb-C1 2.756(5), Yb-N 2.468(4), Yb-O1 2.439(4), Yb-O2 2.456(4), Yb-P1 3.3028(13), Yb-P2 3.1408(12), Yb-S 2.9161(13), C1-P1 1.736(4), C1-P2 1.752(4), N-P2 1.579(4), N-Si 1.707(4), P1-S 2.000(2); B-Yb-C1 171.3(2), B-Yb-N 109.8(2), B-Yb-O1 94.8(2), B-Yb-O2 96.7(2), B-Yb-P1 145.7(2), B-Yb-P2 139.5(2), B-Yb-S 109.2(2), C1-Yb-N 63.13(13), C1-Yb-O1 92.31(14), C1-Yb-O2 88.55(14), C1-Yb-P1 31.69(9), C1-Yb-P2 33.76(9), C1-Yb-S 66.58(10), C1-P1-S 112.9(2), C1-P2-N 111.0(2), N-Yb-O1 155.38(14), N-Yb-O2 90.27(13), N-Yb-P1 79.46(9), N-Yb-P2 29.72(9), N-Yb-S 86.97(9), O1-Yb-O2 87.28(14), O1-Yb-P1 79.80(10), O1-Yb-P2 125.68(10), O1-Yb-S 84.36(10), O2-Yb-P1 116.64(10), O2-Yb-P2 85.85(10), O2-Yb-S 153.32(11), P1-Yb-S 36.85(3), P1-C1-P2 121.9(3), P2-Yb-S 78.68(3), P2-N-Si 136.1(2), Yb-C1-P1 91.8(2), Yb-C1-P2 85.3(2), Yb-N-P2 99.5(2), Yb-N-Si 124.0 (2), Yb-P1-C1 56.5(2), Yb-P1-S 61.00(5), Yb-P2-N 50.83(14), Yb-P2-C1 61.0(2), Yb-S-P1 82.15(5).

Das Zentralmetall ist nahezu quadratisch-pyramidal koordiniert (KZ = 5), wenn man die Borhydridgruppe als einzähnig und den Liganden als zweizähnig ansieht. Bei dieser Betrachtungsweise wird das C1 des Ligandenrückgrates nicht als Donorfunktion angesehen, obwohl signifikante Wechselwirkungen mit dem Ytterbiumatom bestehen. Mit 2.756(5) Å ist der Abstand Yb-C1 in **13** länger als die üblichen Ln-C-Abstände,[75] jedoch kürzer als in der dimeren Iodo-Verbindung [{(Me$_3$SiNPPh$_2$)$_2$CH}EuI(THF)]$_2$ mit einem Abstand Eu-C1 von 2.945(2) Å.[71] Verglichen mit dem monomeren Ytterbium-Iodokomplex [{(Me$_3$SiNPPh$_2$)$_2$CH}YbI(THF)$_2$][71] (Yb-C1 2.700(4) Å) und dem monomeren Ytterbium-Borhydridkomplex [{(Me$_3$SiNPPh$_2$)$_2$CH}Yb(BH$_4$)(THF)$_2$][46] (Yb-C1 2.7403(7) ist der Abstand Yb-C1 in **13** länger.

Aufgrund der attraktiven Yb-C1-Wechselwirkungen bildet sich in Verbindung **13** ein sechsgliedriger Metallacyclus (Yb-N-P2-C1-P1-S) in verzerrter Wannenkonformation. Die Wasserstoffatome der BH$_4^-$-Gruppe konnten frei verfeinert werden. Die BH$_4^-$-Gruppe bildet im κ^3(H)-Bindungsmodus die Spitze der Pyramide, während die Basis von zwei Sauerstoffatomen der koordinierenden THF-Moleküle, einem Schwefel- und einem Stickstoffatom des Liganden komplettiert wird. Hierbei sind die Yb-O-Abstände nahezu gleich lang (Yb-O1 2.439(4), Yb-O2 2.456(4)). Da die Schwefeldonorfunktion erheblich größer ist als die Stickstoffdonorfunktion, ist auch der Bindungsabstand mit Yb-S 2.9161(13) Å erheblich länger als Yb-N mit 2.468(4) Å, was zu einer Verzerrung der quadratischen Pyramidengrundfläche führt. Der Bisswinkel des Liganden N-Yb-S beträgt 86.97(9)°. Auch der Winkel O1-Yb-O2 mit 87.28(14)° liegt in demselben Bereich. Ein interessanter sterischer Aspekt ergibt sich aus dem Vergleich der beiden übrigen Winkel der Grundfläche: obwohl das Schwefelatom sterisch anspruchsvoller ist als das Stickstoffatom, ist der Winkel O1-Yb-S 84.36(10)° deutlich kleiner als N-Yb-O2 90.27(13)°. Dies lässt sich mit dem sterischen Anspruch der TMS-Gruppe erklären, welcher den des Schwefelatoms sozusagen überkompensiert und somit den Winkel O1-Yb-S staucht. Eine weitere Verzerrung der quadratischen Pyramide als Koordinationsumgebung des Zentralmetalls ist bei der Betrachtung der Winkel zu erkennen, welche von der Pyramidenspitze und den die Grundfläche aufspannenden Atomen gebildet werden: Die Winkel B-Yb-S und B-Yb-N sind mit 109.2(2)° bzw.

109.8(2)° beinahe identisch mit dem eines Tetraeders (109.5°). Die Winkel B-Yb-O1 und B-Yb-O2 hingegen sind mit 94.8(2)° bzw. 96.7(2)° deutlich von 109.5° entfernt, sodass sich als Resultat eine schiefe Pyramidengrundfläche ergibt. Der Abstand des Boratoms vom Zentralmetall ist mit 2.610(7) Å erheblich länger als der in dem schon bekannten zweiwertigen Ytterbium-Borydridkomplex [{(Me$_3$SiNPPh$_2$)$_2$CH}Yb(BH$_4$)(THF)$_2$], welcher einen symmetrisch substituierten (NP)-Liganden trägt und statt des Schwefelatoms eine weitere TMS-Gruppe aufweist.[46] Hier beträgt der Abstand Yb-B lediglich 2.3641 Å. Die übrigen Abstände sind, bis auf den Yb-S-Abstand, in sehr guter Übereinstimmung. Aufgrund des zuvor diskutierten sterischen Einflusses der TMS-Gruppe ergibt sich bei den Winkeln der Referenzverbindung [{(Me$_3$SiNPPh$_2$)$_2$CH}Yb(BH$_4$)(THF)$_2$] eine deutliche Abweichung von denen in Verbindung **13**: Der Winkel O1-Yb-O2 ist mit 76.636° deutlich kleiner und kann durch den erhöhten Platzbedarf der zusätzlichen TMS-Gruppen erklärt werden. Auch der Bisswinkel des Liganden N1-Yb-N2 weicht mit 93.616° signifikant vom Winkel N-Yb-S ab. Dadurch, dass in Verbindung **13** das Schwefelatom deutlich weiter vom Zentralmetall entfernt ist als das Stickstoffatom, kommt es zu einer Verzerrung und damit zu einem kleineren Bisswinkel. Beide N-Yb-O-Winkel hingegen sind in guter Übereinstimmung mit dem N-Yb-O2-Winkel von **13**.

Für Verbindung **13** konnte - neben den standardanalytischen NMR-Messungen - ein ^{171}Yb{^{1}H}-NMR erhalten werden (Abbildung 34), welches bei 757 ppm ein intensives Signal aufweist. Die Signallage befindet sich in einem ähnlichen Bereich, wie die des schon bekannten Ytterbiumkomplexes [{(Me$_3$SiNPPh$_2$)$_2$CH}Yb(BH$_4$)(THF)$_2$] (744 ppm).[46]

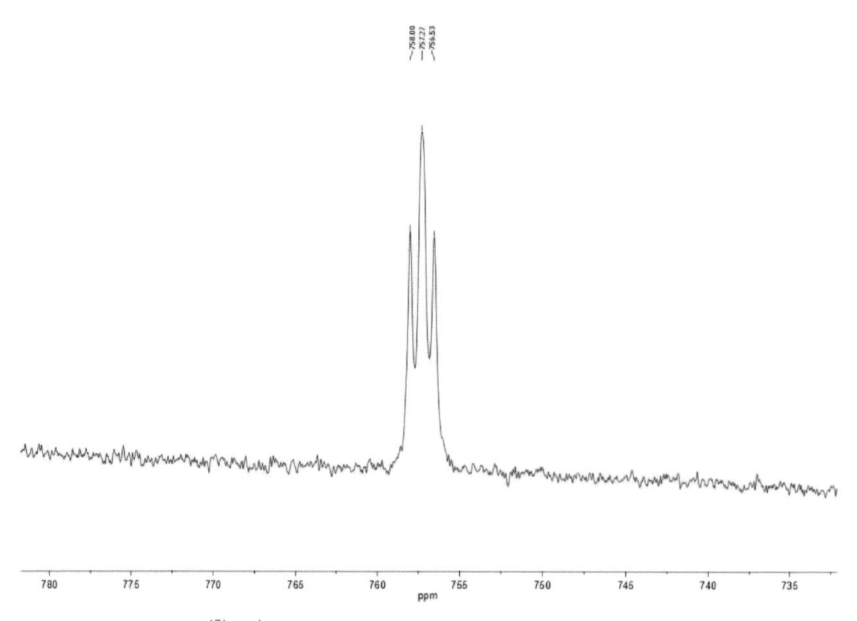

Abbildung 34: ^{171}Yb{^{1}H}-NMR von **13**, aufgenommen in deuteriertem THF bei 298 K.

Da jedoch die beiden Phosphoratome, mit denen das Ytterbiumatom in Verbindung **13** koppelt, chemisch nicht äquivalent sind, sollte an dieser Stelle ein Dublett vom Dublett beobachtet werden, welches durch Überlagerung der Signale lediglich als Triplett erscheint. Zur exakten Bestimmung des vorliegenden Kopplungsmusters wurde ein zweidimensionales ^{31}P/^{171}Yb-HMQC-NMR-Experiment durchgeführt (Abbildung 35).

Ergebnisse und Diskussion

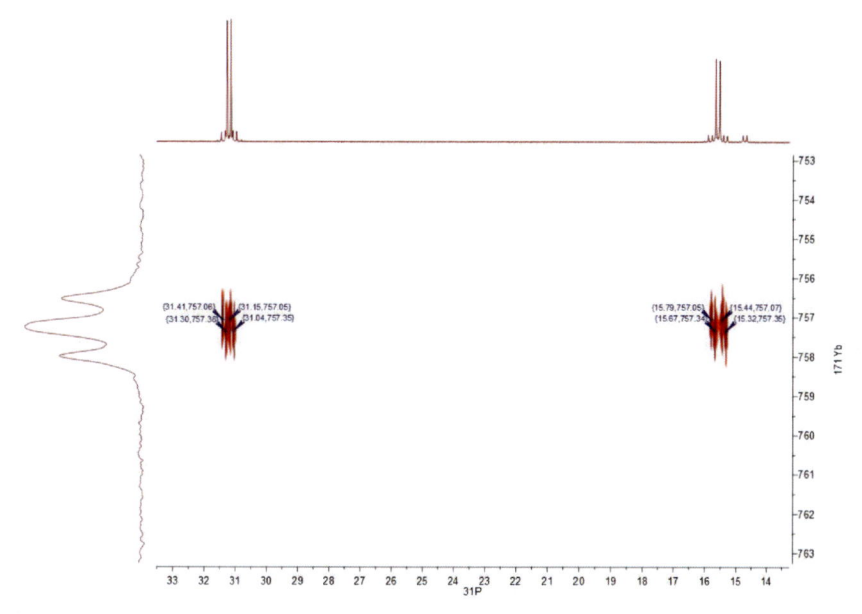

Abbildung 35: ^{31}P/^{171}Yb-HMQC-NMR von **13**, aufgenommen in deuteriertem THF bei 298 K.

Hier ist deutlich zu erkennen, dass es sich um ein Dublett von einem Dublett handelt, da die acht Signale des erhaltenen Spektrums zeigen, dass die zwei Dubletts der Phosphoratome durch das Ytterbiumatom (Kernspin 1/2) nochmals in Dubletts aufgespalten werden.

3.3.2 Darstellung der dreiwertigen Komplexe

Nach erfolgreicher Darstellung des zweiwertigen Ytterbiumkomplexes **13** sollten nun die dreiwertigen Lanthanoid-Borhydridkomplexe verschiedener Lanthanoide synthetisiert werden, um so den Einfluss der Größe des Zentralmetalls auf Bindungslängen und -winkel zu untersuchen. Durch Reaktion von [{(Me$_3$SiNPPh$_2$)(SPPh$_2$)CH}K] mit den Tris-Borhydriden der entsprechenden Lanthanoiden (Abbildung 36) konnten die Verbindungen **14 - 20** dargestellt und als Einkristalle erhalten werden.

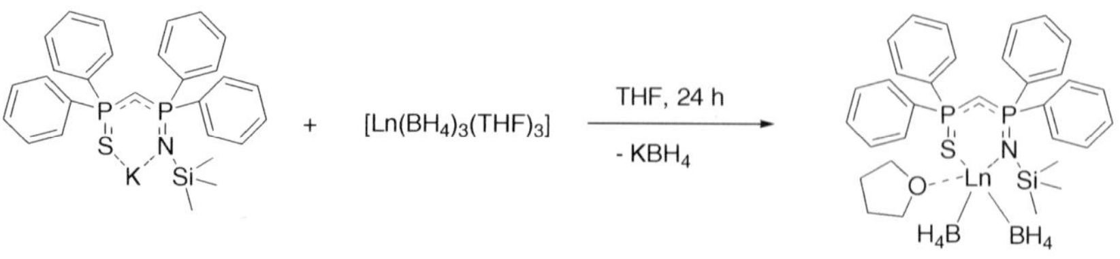

Abbildung 36: Synthese von **14 - 20**, wobei Ln = Y (**14**), Sm (**15**), Tb (**16**), Dy (**17**), Er (**18**), Yb (**19**) und Lu (**20**).

Verbindungen **14**, **15** und **20** konnten über NMR-Spektroskopie untersucht werden (^{1}H, ^{11}B, ^{13}C{^{1}H}, ^{29}Si{^{1}H}, ^{31}P{^{1}H}). Bei **15** ist eine paramagnetische Verbreiterung der NMR-Signale erkennbar, so wie sie schon bei Verbindung **9** festgestellt wurde.

Verbindung **18** konnte über EI-MS identifiziert werden (Molpeak bei m/z = 698 amu) ebenso wie Verbindung **19** (Molpeak - BH$_4$ bei m/z = 691 amu). Die IR-Spektren aller Verbindungen zeigen im Bereich von 2000 bis 2600 cm^{-1} sehr breite, schlecht aufgelöste Banden, so dass eine Bestimmung des Koordinationsmodus der Borhydridgruppen über IR-Spektroskopie nicht möglich war. Für die Verbindungen **14**, **16 - 20** konnten passende Elementaranalysen erhalten werden.

Alle Verbindungen konnten aus THF als Einkristalle erhalten werden. Hierbei sind die Verbindungen **14**, **16 - 20** isostrukturell und kristallisieren in der monoklinen Raumgruppe $P2_1/n$ (Abbildung 37) mit einem Molekül in der asymmetrischen Einheit. Lediglich Verbindung **15** kristallisiert in der triklinen Raumgruppe $P\bar{1}$, ist aber isotyp zu den übrigen Komplexen (Abbildung 38).

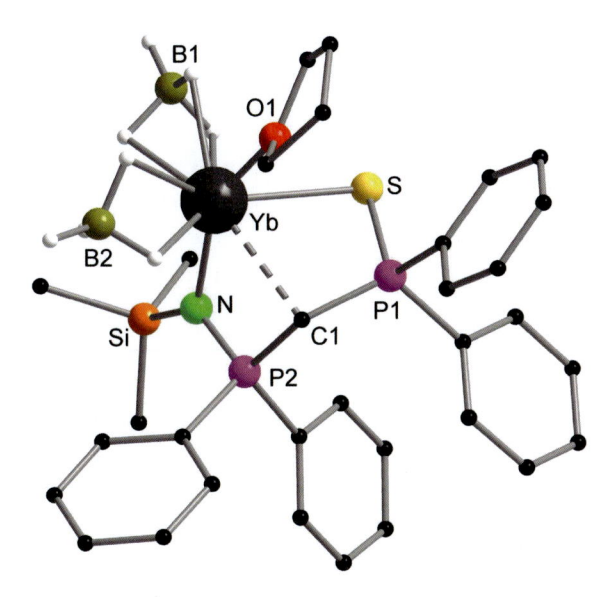

Abbildung 37: Struktur von **19** im Festkörper ohne Darstellung der kohlenstoffgebundenen Wasserstoffatome. Ausgewählte Abstände [Å] und Winkel [°] sind für die isostrukturellen Verbindungen **14**, **16** - **20** angegeben:

19: Yb-B1 2.494(5), Yb-B2 2.499(5), Yb-C1 2.614(3), Yb-N 2.316(3), Yb-O1 2.337(2), Yb-P1 3.2706(11), Yb-P2 3.0284(12), Yb-S 2.8321(11), C1-P1 1.745(3), C1-P2 1.756(3), N-P2 1.599(3), N-Si 1.745(3), P1-S 1.9975(14); B1-Yb-B2 103.8(2), B1-Yb-C1 155.0(2), B1-Yb-N 103.8(2), B1-Yb-O1 103.0(2), B1-Yb-P1 126.9(2), B1-Yb-P2 134.04(13), B1-Yb-S 89.6(2), B2-Yb-C1 100.2(2), B2-Yb-N 96.92(14), B2-Yb-O1 87.60(14), B2-Yb-P1 128.6 (2), B2-Yb-P2 94.56(14), B2-Yb-S 164.59(14), C1-Yb-N 65.84(10), C1-Yb-O1 85.01(10), C1-Yb-P1 32.11(7), C1-Yb-P2 35.30(7), C1-Yb-S 67.89(8), C1-P1-S 108.78(13), C1-P2-N 106.6(2), N-Yb-O1 150.84(10), N-Yb-P1 80.46(7), N-Yb-P2 31.36(7), N-Yb-S 87.22(7), O1-Yb-P1 74.40(7), O1-Yb-P2 119.74(7), O1-Yb-S 81.77(7), P1-Yb-P2 57.96(3), P1-Yb-S 37.34(3), P1-C1-P2 121.8(2), P2-Yb-S 81.24(3), P2-N-Si 129.4(2), Yb-C1-P1 95.14(14), Yb-C1-P2 85.35(13), Yb-N-P2 99.71(13), Yb-N-Si 130.9(2), Yb-P1-C1 52.75(12), Yb-P1-S 59.33(4), Yb-P2-N 48.93(9), Yb-P2-C1 59.35(11), Yb-S-P1 83.33(4).
14: Y-B1 2.527(5), Y-B2 2.547(6), Y-C1 2.647(4), Y-N 2.359(2), Y-O1 2.359(2), Y-P1 3.0629(12), Y-P2 3.3000(12),Y-S 2.8722(13), C1-P1 1.757(3), C1-P2 1.747(4), N-P1 1.596(3), N-Si 1.741(3), P2-S 1.9987(15); B1-Y-B2 103.8(2), B1-Y-C1 155.3(2), B1-Y-N 104.44(14), B1-Y-O1 102.86(13), B1-Y-P1 134.21(12), B1-Y-P2 127.67(15), B1-Y-S 90.72(15), B2-Y-C1 99.7(2), B2-Y-N 96.86(14), B2-Y-O1 87.51(13), B2-Y-P1 94.58(13), B2-Y-P2 127.78(14), B2-Y-S 163.56(13), C1-P1-N 107.3(2), C1-P2-S

109.30(13), C1-Y-N 65.07(10), C1-Y-O1 85.32(9), C1-Y-P1 34.89(7), C1-Y-P2 31.83(8), C1-Y-S 67.17(9), N-Y-O1 150.39(9), N-Y-P1 30.91(7), N-Y-P2 79.84(8), N-Y-S 86.66(8), O1-Y-P1 119.72(7), O1-Y-P2 74.52(7), O1-Y-S 81.74(8), P1-C1-P2 121.6(2), P1-N-Si 129.92(15), P1-Y-P2 57.33(3), P1-Y-S 80.20(3), P2-Y-S 36.97(3), Si N Y 130.38(14), Y-C1-P2 95.16(15), Y-C1-P1 85.61(14), Y-N-P1 99.70(12), Y-P1-C1 59.49(12), Y-P1-N 49.40(9), Y-P2-C1 53.01(12), Y-S-P2 83.22(5).

16: Tb-B1 2.550(11), Tb-B2 2.561(13), Tb-C1 2.661(8), Tb-N 2.380(6), Tb-O1 2.388(5), Tb-P1 3.085(2), Tb-P2 3.311(2), Tb-S 2.877(3), C1-P1 1.754(8), C1-P2 1.743(8), N-P1 1.592(6), N-Si 1.747(7), P2-S 2.004(3); B1-Tb-B2 104.4(4), B1-Tb-C1 155.3(3), B1-Tb-N 105.2(3), B1-Tb-O1 102.8(3), B1-Tb-P1 134.6(3), B1-Tb-P2 127.9(3), B1-Tb-S 91.0(3), B2-Tb-C1 99.1(3), B2-Tb-N 96.9(3), B2-Tb-O1 87.4(3), B2-Tb-P1 94.2(3), B2-Tb-P2 126.9(3), B2-Tb-S 162.8(3), C1-P1-N 107.1(4), C1-P2-S 109.1(3), C1-Tb-N 64.3(2), C1-Tb-O1 85.3(2), C1-Tb-P1 34.6(2), C1-Tb-P2 31.6(2), C1-Tb-S 66.9(2), N-Tb-O1 149.6(2), N-Tb-P1 30.5(2), N-Tb-P2 79.3(2), N-Tb-S 86.1(2), O1-Tb-P1 119.33(15), O1-Tb-P2 74.3(2), O1-Tb-S 81.7(2), P1-C1-P2 122.2(5), P1-N-Si 130.1(4), P1-Tb-P2 57.06(6), P1-Tb-S 79.84(6), P2-Tb-S 36.96(6), Tb-C1-P1 86.1(3), Tb-C1-P2 95.2(3), Tb-N-P1 100.1(3), Tb-P1-C1 59.4(3), Tb-P1-N 49.4(2), Tb-P2-C1 53.2(3), Tb-P2-S 59.65(9), Tb-S-P2 83.38(10).

17: Dy-B1 2.513(11), Dy-B2 2.519(12), Dy-C1 2.657(8), Dy-N 2.367(6), Dy-O1 2.374(5), Dy-P1 3.071(2), Dy-P2 3.303(2), Dy-S 2.874(3), C1-P1 1.762(8), C1-P2 1.738(8), N-P1 1.589(7), N-Si 1.747(7), P2-S 1.997(3); B1-Dy-B2 104.1(4), B1-Dy-C1 155.2(4), B1-Dy-N 104.8(3), B1-Dy-O1 103.0(3), B1-Dy-P1 134.3(3), B1-Dy-P2 127.8(3), B1-Dy-S 90.9(3), B2-Dy-C1 99.6(4), B2-Dy-N 96.9(3), B2-Dy-O1 87.2(3), B2-Dy-P1 94.4(3), B2-Dy-P2 127.4(3), B2-Dy-S 163.1(3), C1-Dy-N 64.8(2), C1-Dy-O1 85.2(2), C1-Dy-P1 34.9(2), C1-Dy-P2 31.6(2), C1-Dy-S 66.9(2), C1-P1-N 107.4(4), C1-P2-S 109.5(3), Dy-C1-P1 85.5(3), Dy-C1-P2 95.2(3), Dy-N-P1 100.0(3), Dy-N-Si 129.7(3), Dy-P1-C1 59.6(3), Dy-P1-N 49.4(2), Dy-P2-C1 53.2(3), Dy-P2-S 59.80(9), Dy-S-P2 83.30(10), N-Dy-O1 150.0(2), N-Dy-P1 30.6(2), N-Dy-P2 79.55(2), N-Dy-S 86.5(2), O1-Dy-P1 119.54(15), O1-Dy-P2 74.5(2), O1-Dy-S 81.8(2), P1-C1-P2 121.9(5), P1-Dy-P2 57.23(6), P1-Dy-S 80.06(6), P1-N-Si 130.3(4), P2-Dy-S 36.90(6).

18: Er-B1 2.512(9), Er-B2 2.511(12), Er-C1 2.647(6), Er-N 2.336(6), Er-O1 2.357(5), Er-P1 3.047(2), Er-P2 3.284(2), Er-S 2.852(2), C1-P1 1.750(7), C1-P2 1.737(7), N-P1 1.604(6), N-Si 1.741(6), P2-S 1.999(3); B1-Er-B2 104.9(4), B1-Er-C1 154.7(3), B1-Er-N 103.6(3), B1-Er-O1 103.5(3), B1-Er-P1 133.8(2), B1-Er-P2 127.3(3), B1-Er-S 90.1(3), B2-Er-C1 99.3(3), B2-Er-N 97.3(3), B2-Er-O1 86.8(3), B2-Er-P1 94.4(3), B2-Er-P2 127.1(3), B2-Er-S 162.9(3), C1-Er-N 65.4(2), C1-Er-O1 85.1(2), C1-Er-P1 34.9(2), C1-Er-P2 31.8(2), C1-Er-S 67.3(2), C1-P1-N 107.4(4), C1-P2-S 109.4(2), Er-C1-P1 85.1(2), Er-C1-P2 94.7(3), Er-N-P1 99.6(3), Er-P1-C1 60.0(2), Er-P1-N 49.1(2), Er-P2-C1 53.5(2), Er-P2-S 59.59(8), Er-S-P2 83.22(8), N-Er-O1 150.4(2), N-Er-P1 31.28(14), N-Er-P2 80.26(15), N-Er-S 87.0(2), O1-Er-P1 119.41(14), O1-Er-P2 74.15(14), O1-Er-S 81.59(14), P1-C1-P2 122.4(4), P1-Er-P2 57.58(5), P1-Er-S 80.63(5), P1-N-Si 129.0(4), P2-Er-S 37.19(5).

20: Lu-B1 2.470(9), Lu-B2 2.452(12), Lu-C1 2.595(8), Lu-N 2.320(7), Lu-O1 2.326(5), Lu-P1 3.258(2), Lu-P2 3.022(2), Lu-S 2.818(3), C1-P1 1.738(9), C1-P2 1.748(8), P1-S 2.003(3), P2-N 1.607(7), N-Si 1.729(8); B1-Lu-B2 103.9(4), B1-Lu-C1 154.7(4), B1-Lu-N 103.7(3), B1-Lu-O1 103.6(3), B1-Lu-P1 126.6(3), B1-Lu-P2 134.1(3), B1-Lu-S 89.0(3), B2-Lu-C1 100.4(4), B2-Lu-N 97.2(4), B2-Lu-O1

87.3(4), B2-Lu-P1 128.6(3), B2-Lu-P2 94.9(3), B2-Lu-S 164.7(3), C1-Lu-N 66.1(2), C1-Lu-O1 84.3(2), C1-Lu-P1 32.1(2), C1-Lu-P2 35.2(2), C1-Lu-S 68.1(2), C1-P1-S 108.3(3), C1-P2-N 106.6(4), Lu-C1-P1 95.4(3), Lu-C1-P2 85.8(3), Lu-N-P2 99.0(3), Lu-P1-C1 52.5(3), Lu-P1-S 59.20(9), Lu-P2-C1 58.9(3), Lu-P2-N 49.3(3), Lu-S-P1 83.17(10), N-Lu-O1 150.4(2), N-Lu-S 87.5(2), N-Lu-P1 80.9(2), N-Lu-P2 31.7(2), O1-Lu-P1 73.7(2), O1-Lu-P2 119.0(2), O1-Lu-S 81.7(2), P1-C1-P2 122.2(5), P1-Lu-P2 58.02(6), P1-Lu-S 37.63(6), P2-Lu-S 81.40(7), P2-N-Si 129.5(5).

Die Tatsache, dass **15** in einer anderen Raumgruppe kristallisiert als die Verbindungen **14**, **16 – 20**, kann damit begründet werden, dass in Verbindung **15** ein zusätzliches freies THF-Molekül in der asymmetrischen Einheit vorhanden ist.

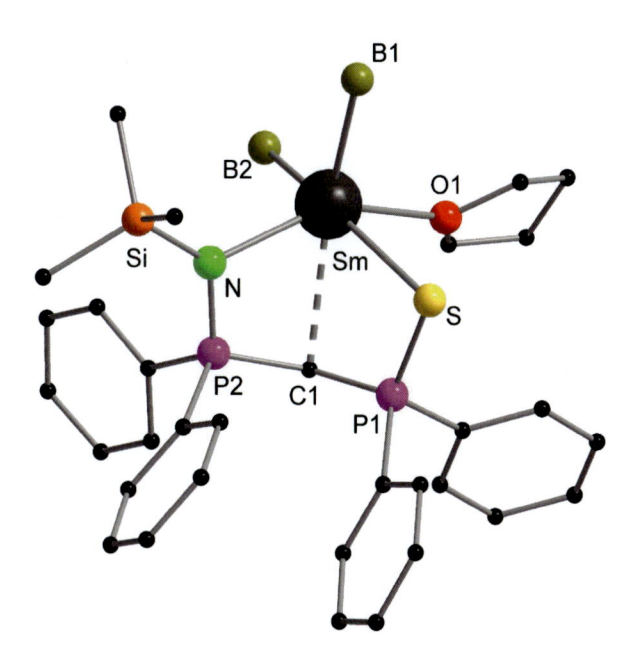

Abbildung 38: Struktur von **15** im Festkörper ohne Darstellung der Wasserstoffatome. Ausgewählte Abstände [Å] und Winkel [°]: Sm-B1 2.588(5), Sm-B2 2.579(6), Sm-C1 2.751(4), Sm-N 2.407(3), Sm-O 2.456(3), Sm-P1 3.1392(13), Sm-P2 3.3684(14), Sm-S 2.8907(13), C1-P1 1.757(4), C1-P2 1.736(4), N-P1 1.597(3), N-Si 1.743(4), P2-S 2.003(2); B1-Sm-B2 106.4(2), B1-Sm-C1 150.0(2), B1-Sm-N 104.2(2), B1-Sm-O 104.5(2), B1-Sm-P1 131.94(14), B1-Sm-P2 124.53(13), B1-Sm-S 88.54(14), B2-Sm-C1 102.2(2), B2-Sm-N 96.4(2), B2-Sm-O 84.1(2), B2-Sm-P1 96.0(2), B2-Sm-P2 128.3(2), B2-Sm-S 159.6(2), C1-P1-N 108.2(2), C1-P2-S 111.23(14), C1-Sm-N 63.19(12), C1-Sm-O 87.11(12), C1-Sm-P1 33.90(8), C1-Sm-P2 30.90(9), C1-Sm-S 66.33(10), N-Sm-O 149.82(11), N-Sm-P1 29.93(8), N-Sm-P2 80.10(9), N-Sm-S 93.09(9), O-Sm-P1 119.90(8), O-Sm-P2 76.17(9), O-Sm-S 78.63(9), P1-C1-

P2 126.7(2), P1-N-Si 128.5(2), P1-Sm-P2 57.20(3), P1-Sm-S 83.37(4), P2-Sm-S 36.32(3), Sm-C1-P2 94.6(2), Sm-C1-P1 85.25(15), Sm-N-P1 101.3(2), Sm-P1-N 48.76(12), Sm-P1-C1 60.85(13), Sm-P2-C1 54.50(13), Sm-P2-S 58.74(5), Sm-S-P2 84.94(6).

Die Wasserstoffatome der BH_4^--Gruppe konnten bei den Verbindungen **14**, **18** und **19** frei verfeinert werden - bei **15**, **16**, **17** und **20** war dies nicht möglich.

Auch in den dreiwertigen Komplexen ist das Zentralmetall in Form einer leicht verzerrten quadratischen Pyramide fünffach koordiniert, wenn man die Borhydridgruppe als einzähnig und den Liganden als zweizähnig ansieht. Formal wurde im Vergleich zu **13** ein koordinierendes THF-Molekül durch eine BH_4^--Gruppe substituiert. Es bildet sich der gleiche charakteristische sechsgliedrige Metallacyclus (Ln-N-P2-C1-P1-S) aus, welcher schon beim zweiwertigen Analogon beobachtet werden konnte.

Die strukturelle Diskussion von Verbindung **19** ist exemplarisch für die der übrigen dreiwertigen Borhydridkomplexe des {$(Me_3SiNPPh_2)_2CH_2$}-Liganden. Die Einflüsse der Metallkationengröße auf die Bindungslängen und -winkel werden später erörtert. Beide BH_4^--Gruppen in Verbindung **19** binden terminal im $\kappa^3(H)$-Modus an das Metall, wobei die Abstände Ytterbium-Bor nahezu gleich sind (Yb-B1 2.494(5), Yb-B2 2.499(5)). Damit liegen sie zwischen der deutlich längeren Yb-B-Bindung in **13** und der kürzeren Yb-B-Bindung der oben erwähnten Referenzverbindung [{$(Me_3SiNPPh_2)_2CH$}Yb(BH$_4$)(THF)$_2$].[46] Der Bisswinkel N-Yb-S beträgt 87.22(7)° und ist damit unwesentlich größer als in Verbindung **13**. Deutlichere Abweichungen ergeben sich allerdings in den Bindungsabständen Yb-S (2.8321(11)) Å, Yb-N (2.316(3)) Å, Yb-O1 (2.337(2)) Å und Yb-C1 (2.614(3) Å. Alle Bindungen der Donoratome zum Zentralmetall (inklusive des C1 zum Yb) sind erheblich kürzer als beim zweiwertigen Borhydridkomplex, da Ytterbium in der Oxidationsstufe +III ein Elektron weniger besitzt als in der Oxidationsstufe +II und somit deutlich kleiner ist. Durch die formale Substitution eines THF-Moleküls durch eine weitere BH_4^--Gruppe ergeben sich auch bei den Bindungswinkeln des Koordinationspolyeders Abweichungen aufgrund des veränderten sterischen Anspruches: der B2-Yb-N-Winkel ist mit 96.92(14)° deutlich erweitert im Vergleich zum N-Yb-O2-Winkel in **13** mit 90.27(13)°. Dadurch, dass die BH_4^--Gruppe einen höheren sterischen Anspruch besitzt als ein THF-Molekül, vergrößert sich der Winkel B2-Yb-N, wohingegen sich der gegenüberliegende Winkel O1-Yb-S auf 81.77(7)° verkleinert. Der O1-Yb-S-Winkel wird also durch die BH_4^--Gruppe gestaucht.

Beobachtet man bei **13** eine „schiefe" Pyramidengrundfläche, bei der jeweils zwei Winkel von der Pyramidenspitze zu den basalen Atomen nahezu identisch sind, so liegt bei Verbindung **19** ein anderer Sachverhalt vor. Drei der vier Winkel sind nahezu identisch: B1-Yb-O1 mit 103.0(2)° B1-Yb-B2 mit 103.8(2)° und B1-Yb-N mit 103.8(2)°. Der vierte - B1-Yb-S - ist mit 89.6(2)° sehr viel kleiner als die anderen und somit ragt das Schwefelatom aus der Grundfläche der Pyramide heraus. Eine andere Betrachtungsweise wäre, dass der Ligand - im Bezug auf die von den Atomen O1, B2 und Yb aufgespannten Ebene - dahingehend gekippt ist, dass ein weiteres Atom in dieser Ebene liegt (N) während das andere keinen Platz mehr findet und somit oberhalb der Ebene zu liegen kommt.

Dadurch, dass die dreiwertigen Lanthanoid-Borhydridkomplexe des (NP)-(SP)-Liganden isostrukturell bzw. isotyp sind, lassen sich die Einflüsse der Metallkationengröße auf die Bindungslängen und -winkel genauer betrachten. Am Beispiel des bei Verbindung **13** diskutierten Ln-C1-Abstandes lässt sich exemplarisch der erwartete Trend für die Bindungslängen der koordinierenden Atome zum Zentralmetall ablesen (Tabelle 3).

	Bindungsabstand [Å]	**Ionenradius [Å]**
Yb(II)-C1	2.756(5)	1.16
Sm(III)-C1	2.751(4)	1.10
Tb(III)-C1	2.660(8)	1.06
Dy(III)-C1	2.657(8)	1.05
Y(III)-C1	2.646(4)	1.04
Er(III)-C1	2.647(6)	1.03
Yb(III)-C1	2.614(3)	1.01
Lu(III)-C1	2.595(8)	1.00

Tabelle 3: Vergleich der Ln-C1-Bindungslänge mit den Ionenradien.[1, 3]

Man erkennt deutlich, dass sich der Bindungsabstand kontinuierlich mit Abnahme der jeweiligen Metallkationengröße verringert. Auch der zweiwertige Ytterbiumkomplex reiht sich dabei sehr gut in den Trend ein. Der marginale Anstieg der Bindungslänge von Y(III)-C1 zu Er(III)-C1 liegt im Bereich des Fehlerintervalls. Die Feststellung, dass mit abnehmender Kationengröße auch die Bindungslängen zu den koordinierenden Atomen abnehmen, ließe sich ebenso für Ln-B, Ln-N, Ln-O und Ln-S darstellen. Diese Beobachtung ist in guter Übereinstimmung mit den analogen Chlorokomplexen [{(Me$_3$SiNPPh$_2$)$_2$CH}LnCl$_2$(THF)] mit Ln = Dy, Er.[74b] Auch hier werden die Bindungslängen mit abnehmender Kationengröße kleiner. So ist beispielsweise der Abstand Dy-S mit 2.8469(8) Å bei [{(Me$_3$SiNPPh$_2$)$_2$CH}DyCl$_2$(THF)] größer als der Abstand Er-S mit 2.8224(9) bei Komplex [{(Me$_3$SiNPPh$_2$)$_2$CH}ErCl$_2$(THF)]. Die Dy-S- und Er-S-Abstände in den Verbindungen **17** und **18** sind mit 2.874(3) Å und 2.852(2) Å im Vergleich dazu größer - ebenso die Dy-N- und Er-N-Abstände sowie die Dy-O und Er-O-Abstände. Der Ligand ist bei den Borhydridkomplexen also weiter vom Zentralmetall entfernt, als in den bekannten analogen Chlorokomplexen.[74b] Betrachtet man die Bindungswinkel, so lässt sich bei den Komplexen **14 - 20** lediglich für den Ligandenbisswinkel N-Ln-S eine klare Tendenz erkennen (Tabelle 4).

	Bindungswinkel [°]	Ionenradius [Å]
N-Sm(III)-S	93.10(9)	1.10
N-Tb(III)-S	86.1(2)	1.06
N-Dy(III)-S	86.5(2)	1.05
N-Y(III)-S	86.67(8)	1.04
N-Er(III)-S	87.0(2)	1.03
N-Yb(III)-S	87.22(7)	1.01
N-Lu(III)-S	87.5(2)	1.00

Tabelle 4: Vergleich des N-Ln-S-Winkels mit den Ionenradien.[1, 3]

Die Winkeländerungen liegen in einem relativ schmalen Bereich von etwa 1.5° (**16 - 20**). Bei einer Erniedrigung der Ionengröße ist eine Aufweitung des N-Ln-S-Winkels zu erkennen. Denn je kleiner das Ion wird, desto näher rückt der Ligand an das Metallkation heran und vergrößert deswegen den Bisswinkel. Eine Ausnahme bildet die Samariumverbindung (**15**) mit einem deutlich aufgeweiteten N-Sm-S-Winkel von 93.10(9)°.

Sämtliche Winkel zwischen der Pyramidenspitze (B1) und den basalen Atomen (B2, N, O1, S) werden durch ein größeres Kation tendenziell ebenfalls leicht vergrößert, wobei der Trend hierbei nicht so eindeutig ausfällt wie beim Ligandenbisswinkel.

Die N-Ln-S-Winkel der Verbindungen **16 - 20** unterscheiden sich von denen der analogen Referenzverbindungen deutlich, so beträgt beispielsweise der Winkel N-Dy-S bei [{(Me$_3$SiNPPh$_2$)$_2$CH}DyCl$_2$(THF)] 91.01(6)° und bei [{(Me$_3$SiNPPh$_2$)$_2$CH}ErCl$_2$(THF)] 91.38(7)°.[74b] Dies bestätigt die Aussage, dass der Ligand bei den Borhydridkomplexen weiter vom Zentralmetall entfernt ist, als bei den Referenzverbindungen, so dass auch der Ligandenbisswinkel kleiner wird. Eine Erklärung hierfür ist die Sterik, so dass der höhere Platzbedarf der BH$_4^-$-Gruppe im Vergleich zum Cl$^-$ den Liganden vom Metall wegdrückt und so zu den beschriebenen Änderungen bei den Bindungslängen und -winkeln führt.

3.4 Anwendung der dargestellten Seltenerdmetall-Borhydridkomplexe als Katalysatoren für die Polymerisation von polaren Monomeren

Da Lanthanoid-Borhydridkomplexe schon seit einiger Zeit dafür bekannt sind, effektiv Polymerisationsreaktionen von polaren Monomeren zu katalysieren, wurden die zuvor dargestellten und charakterisierten Verbindungen (**3**, **6 - 11**, **13 - 20**) in kristalliner Form reproduziert und an der Université de Rennes I in der Arbeitsgruppe von *Sophie Guillaume* im Rahmen eines dreimonatigen Forschungsaufenthaltes auf ihr katalytisches Potenzial hin untersucht. Es wurden die Monomere ε-Caprolacton (CL), Trimethylencarbonat (TMC) und *L*-Lactid (LLA) für die Polymerisationsreaktionen eingesetzt, da die jeweiligen Polymere besonders aufgrund ihrer Biokompatibilität und Bioabbaubarkeit in der aktuellen Forschung sehr vielversprechend sind.

Der überwiegende Teil der Reaktionen wurde mit CL durchgeführt - zum einen, weil für PCL die meisten Referenzen in der Literatur vorhanden sind, um die erhaltenen Ergebnisse einzuordnen. Zum anderen, weil schon bekannte Borhydridkatalysatoren bei der Polymerisation von CL - im Vergleich zur Polymerisation von TMC und LLA - sehr hohe Molmassen bei gleichzeitig relativ schmaler Molmassenverteilung erzielen konnten.

3.4.1 Polymerisation von ε-Caprolacton

Alle Polymerisationsreaktionen von CL wurden unter einer Argon-Atmosphäre bei 20°C durchgeführt. Bei jeder Polymerisation wurden etwa 10 µmol des jeweiligen Borhydridkomplexes verwendet. Dieser wurde in 0.5 mL Toluol gelöst und anschließend das CL zugegeben. Ab diesem Zeitpunkt wurde die Reaktionszeit gemessen. Die Angaben der Monomer-Äquivalente erfolgt in Relation zur Anzahl der vorhandenen BH_4^--Gruppen, da jede dieser aktiven Gruppen in der Lage ist, eine wachsende Polymerkette zu initiieren. Bei zweiwertigen Katalysatoren, die lediglich eine BH_4^--Gruppe tragen, entspricht die Angabe der Monomer-Äquivalenten demnach der molekularen Stöchiometrie. Der Umsatz wurde durch Integration der beiden Methylen-Wasserstoffatome (C(O)OCH_2CH_2)) im ^{1}H-NMR der Reaktionsmischung - $δ_{CL}$ 4.22, $δ_{PCL}$ 4.04 - bestimmt nach der Beziehung Int.$_{PCL}$/[Int.$_{PCL}$ + Int.$_{CL}$]. Die theoretische molare Masse $M_{n,theo}$ wurde nach folgender Beziehung ermittelt: [ε-CL]$_0$/[BH$_4$]$_0$ x Umsatz$_{ε-CL}$ x M$_{ε-CL}$. Der Wert für $M_{n,NMR}$ ergibt sich aus dem Verhältnis der Methylenprotonen der Kettenenden (HOCH_2CH_2) bei δ 3.64 ppm zu denen der Polymerkette (C(O)OCH_2CH_2)) bei δ 4.04 ppm im ^{1}H-NMR des Produkts. Aus Gründen der Übersichtlichkeit werden zuerst die zweiwertigen Katalysatorsysteme diskutiert (Tabelle 5).

Ergebnisse und Diskussion 53

Tabelle 5: Polymerisationsreaktionen von CL unter Verwendung der zweiwertigen Lanthanoid-Borhydridkomplexe **2, 6, 7** und **13** bei 20°C in Toluol.

Eintrag	Kat.	$[CL]_0/[BH_4]_0$	Temperatur [°C]	Zeit[a] [min]	Umsatz[b] [%]	$M_{n,theo}$[c] [g/mol]	$M_{n,NMR}$[b] [g/mol]	$M_{n,SEC}$[d] [g/mol]	M_w/M_n[e]
1	2	50	20	30	100	5.400	9.100	–	–
2	2	100	20	30	100	11.400	17.100	24.900	1.26
3	2	200	20	30	100	23.300	25.700	15.400	1.11
4	2	500	20	30	97	56.000	53.100	–	–
5	6	200	20	10	99	22.300	19.900	40.100	1.70
6	6	500	20	10	99	57.100	56.600	61.100	1.85
7	7	200	20	10	100	22.900	38.800	37.400	1.46
8	7	500	20	10	100	57.100	52.800	51.100	1.49
9	13	50	20	30	100	6.200	13.100	–	–
10	13	200	20	30	100	22.200	24.600	19.800	1.30
11	13	350	20	30	100	40.300	41.700	30.200	1.68
12	13	500	20	30	99	54.800	41.800	36.700	1.63

[a] Reaktionszeiten wurden nicht systematisch optimiert. [b] Die Monomerumsätze sowie $M_{n,NMR}$ wurden mithilfe von ^{1}H-NMR-Spektroskopie ermittelt. [c] Die theoretischen molaren Massen wurden nach der folgenden Beziehung ermittelt: $[CL]_0/[BH_4]_0$ x Umsatz$_{CL}$ x M_{CL}, wobei M_{CL} = 114.14 gmol^{-1}. [d] Die experimentellen molaren Massen wurden über SEC gegen einen Polystyrolstandard ermittelt und mit dem Faktor 0.56 korrigiert. [e] Die Verteilungen der molaren Massen wurden aus den SEC-Kurven berechnet.

Alle getesteten zweiwertigen Katalysatoren sind in der Lage, CL bei Raumtemperatur mit nahezu vollständigem Umsatz zu polymerisieren. Die Reaktionszeiten wurden nicht systematisch optimiert. Es konnte jedoch beobachtet werden, dass alle Reaktionsmischungen schon nach etwa einer Minute gelartig erstarrten und sich nicht mehr rühren ließen. Dies ist auch dem Umstand geschuldet, dass die Reaktionen nahezu in Substanz durchgeführt wurden. Die experimentell ermittelten Molmassen $M_{n,NMR}$ und $M_{n,SEC}$ sind in guter Übereinstimmung mit den theoretischen Molmassen $M_{n,theo}$. Bei der Bestimmung der Molmasse mittels ^{1}H-NMR des Polymers ist zu bemerken, dass es sowohl bei niedrigen Molmassen (bis 15.000 g/mol) und bei sehr hohen Molmassen (> 50.000 g/mol) zu „systematischen Fehlern" kommt: bei den niedrigen Molmassen ist $M_{n,NMR}$ zu hoch (verglichen mit $M_{n,theo}$), da bei Integration des breiten

Kettensignals auch das Grundrauschen mitintegriert wird, was einen nicht unerheblichen Beitrag zum Gesamtintegral liefert (im Gegensatz zum vergleichsweise äußerst schmalen Kettenendsignal) und so das Ergebnis verfälscht. Bei sehr hohen molaren Massen ist $M_{n,NMR}$ zu niedrig (verglichen mit $M_{n,theo}$), da nun das Grundrauschen beim Kettensignal eine vernachlässigbare Rolle spielt - im Gegensatz zum Kettenendsignal. Denn um dieses neben dem nun signifikant größeren Kettensignal zu integrieren, benötigt man eine hohe Vergrößerung und integriert deshalb zwangsläufig dann auch das Grundrauschen mit. Vereinfacht gesagt: bei sehr hohen Molmassen wird das Kettenendsignal vom Grundrauschen zum Teil überlagert. Alle mit SEC ermittelten Molmassen entstammen einer unimodalen Verteilung - bei den Einträgen 1, 4 und 9 wurden hingegen bimodale Verteilungen erhalten, aus denen keine sinnvolle mittlere Molmasse hervorging. Es wurde mit Monomerbeladungen von bis zu 500 Äquivalenten gearbeitet, wobei Molmassen von bis zu 57.000 g/mol erhalten werden konnten. Die Molmassenverteilung wird mit höherer Monomerbeladung tendenziell breiter, was der Erwartung entspricht. Auch die Polydispersitätswerte liegen im erwarteten Bereich: von 1.11 (Eintrag 3) bis 1.85 (Eintrag 6) entsprechen sie den bereits literaturbekannten Werten für ligandstabilisierte Lanthanoid-Borhydridkomplexe,[17] allerdings sind die erreichten Molmassen mehr als doppelt so hoch. Verglichen mit den PD-Werten, welche von homoleptischen Lanthanoid-Borhydridkomplexen erreicht werden (1.2 - 1.3) sind sie etwas größer.[30f, 33p] Allerdings sind die bereits publizierten zugehörigen Molmassen ebenfalls lediglich halb so hoch, wie die oben dargestellten. Das Auftreten von Nebenreaktionen, wie beispielsweise Transfer- und Umesterungsreaktionen, sind typisch bei der ROP von cyclischen Estern und führen zu einer Verbreiterung der Molmassenverteilung.[76] Eine weitere Erklärung der verbreiterten Molmassenverteilungen ist, dass der Propagationsschritt deutlich schneller ist als der Initiierungsschritt und sich somit Ketten von deutlich unterschiedlichen Längen bilden.

Aufgrund der erhaltenen Daten lässt sich keine eindeutige Aussage darüber treffen, welches der verwendeten Ligandensysteme die Reaktivität des jeweiligen Komplexes steigert oder mindert. Betrachtet man jedoch die Reaktionskontrolle, so ist bei den (dipp)$_2$pyr-Verbindungen (Einträge 2 und 3) eine relativ enge Molmassenverteilung festzustellen.

Ergebnisse und Diskussion 55

In Tabelle 6 sind die Ergebnisse der Polymerisationen unter Verwendung der dreiwertigen Komplexe des (dipp)$_2$NacNac-Ligandensystems aufgeführt.

Tabelle 6: Polymerisationsreaktionen von CL unter Verwendung der dreiwertigen Lanthanoid-Borhydridkomplexe **8 - 11** bei 20°C in Toluol.

Eintrag	Kat.	[CL]$_0$/[BH$_4$]$_0$	Temperatur [°C]	Zeit[a] [min]	Umsatz[b] [%]	M$_{n,theo}$[c] [g/mol]	M$_{n,NMR}$[b] [g/mol]	M$_{n,SEC}$[d] [g/mol]	M$_w$/M$_n$[e]
1	8	200	20	10	99	22.500	21.800	15.500	1.12
2	8	500	20	10	93	52.200	35.307	26.900	1.14
3	8	1000	20	10	81	92.700	73.500	46.200	1.26
4	9	200	20	10	100	22.700	21.500	27.300	1.34
5	9	500	20	10	100	57.000	59.900	44.800	1.44
6	9	1000	20	10	100	135.700	92.700	75.400	1.51
7	10	200	20	10	100	22.300	36.500	26.900	1.38
8	10	500	20	10	100	55.600	40.700	38.300	1.49
9	11	50	20	15	100	5.800	8.300	–	–
10	11	100	20	15	100	11.300	15.000	14.500	1.27
11	11	200	20	15	100	22.900	26.900	20.400	1.37
12	11	350	20	15	100	40.100	31.200	34.000	1.45
13	11	500	20	15	100	57.500	55.100	40.900	1.47
14	11	1000	20	15	100	114.000	–	80.300	1.55
15	11	2000	20	15	99	225.000	–	138.800	1.53

[a] Reaktionszeiten wurden nicht systematisch optimiert. [b] Die Monomerumsätze sowie M$_{n,NMR}$ wurden mithilfe von ^{1}H-NMR-Spektroskopie ermittelt. [c] Die theoretischen molaren Massen wurden nach der folgenden Beziehung ermittelt: [CL]$_0$/[BH$_4$]$_0$ × Umsatz$_{CL}$ × M$_{CL}$, wobei M$_{CL}$ = 114.14 gmol^{-1}. [d] Die experimentellen molaren Massen wurden über SEC gegen einen Polystyrolstandard ermittelt und mit dem Faktor 0.56 korrigiert. [e] Die Verteilungen der molaren Massen wurden aus den SEC-Kurven berechnet.

Auch die Katalysatoren **8 - 11** sind in der Lage, CL bei Raumtemperatur in wenigen Minuten quantitativ zu polymerisieren. Die gelartige Erstarrung der Reaktionsmischung nach etwa einer Minute war ebenfalls zu beobachten. Die experimentell ermittelten Molmassen M$_{n,NMR}$ und M$_{n,SEC}$ sind in guter Übereinstimmung mit den theoretischen Molmassen M$_{n,theo}$. Es wurden Monomerbeladungen bis hin zu 2000 Äquivalenten getestet und dabei Molmassen von bis zu 139.000 g/mol erhalten (Eintrag 15). Hierbei ist zu erwähnen, dass sich die Angabe der Äquivalenten auf die

Borhydridgruppen bezieht und da die dreiwertigen Komplexe zwei Borhydridgruppen tragen, ist die Stöchiometrie folglich bei einer Monomerbeladung von 2000 Äquivalenten 1 : 4000. Dies ist auch der Grund, weswegen die Polymerisationen nicht in höherer Verdünnung ausgeführt wurden, da ansonsten das Reaktionsvolumen extrem anstiege und dies so einen deutlich höheren präparativen Aufwand bedeutete. Der Einfluss der Verdünnung wurde anhand einer Polymerisation unter Katalyse des Samariumkomplexes **15** untersucht, welcher später in dieser Arbeit diskutiert wird.

Bis auf Eintrag 9 wurde bei allen über SEC bestimmten mittleren Molmassen eine unimodale Verteilung erhalten. Das Fehlen von $M_{n,NMR}$ bei den Einträgen 14 und 15 liegt an der Tatsache, dass die entsprechenden Kettenendsignale im Protonen-NMR kaum vom Grundrauschen zu unterscheiden waren. Es ist zu konstatieren, dass die erhaltenen Polydispersitätswerte in einem deutlich engeren Bereich liegen (1.12 - 1.55) als bei den zweiwertigen Katalysatoren. Die Scandium-Verbindung **8** zeigt bei höherer Monomerbeladung als einzige keinen quantitativen Umsatz nach 10 Minuten. Jedoch haben die daraus hervorgegangenen Polymere die schmalste Molmassenverteilung. Bei allen Katalysatoren führt eine höhere Monomerbeladung auch zu einer breiteren Molmassenverteilung. Dies entspricht wiederum den Erwartungen. Da nahezu alle Systeme nach 10 Minuten einen Umsatz von nahezu 100 % erreichen, lässt sich keine Aussage darüber treffen, ob die Reaktivität des Katalysators mit der Ionengröße des Zentralmetalls korreliert oder nicht. Auch beim Einfluss auf die Breite der Molmassenverteilung kann man keinen klaren Trend erkennen.

In Tabelle 7 sind die Polymerisationen zusammengefasst, welche unter Verwendung der Lanthanoid-Borhydridkomplexe des {(Me$_3$SiNPPh$_2$)(SPPh$_2$)CH}-Ligandensystems (**14 - 20**) durchgeführt wurden.

Tabelle 7: Polymerisationsreaktionen von CL unter Verwendung der dreiwertigen Lanthanoid-Borhydridkomplexe **14 - 20** bei 20°C in Toluol. * Reaktion in 12 mL Toluol, ** Reaktion in 21 mL Toluol.

Eintrag	Kat.	$[CL]_0/[BH_4]_0$	Temperatur [°C]	Zeit[a] [min]	Umsatz[b] [%]	$M_{n,theo}$[c] [g/mol]	$M_{n,NMR}$[b] [g/mol]	$M_{n,SEC}$[d] [g/mol]	M_w/M_n[e]
1	14	50	20	10	100	6.800	12.900	6.800	1.27
2	14	100	20	10	100	11.300	13.200	10.000	1.28

Ergebnisse und Diskussion

3	14	200	20	10	100	21.600	22.300	16.035	1.31
4	14	500	20	10	100	57.100	48.100	39.600	1.37
5	14	1000	20	10	99	112.900	84.500	78.400	1.45
6	15	50	20	10	100	6.200	7.400	5.000	1.18
7	15	100	20	10	100	11.200	13.000	8.100	1.22
8[*]	15	150	20	10	100	16.800	16.600	12.800	1.34
9[**]	15	150	20	15	100	17.300	19.400	16.800	1.29
10	15	200	20	10	100	22.400	21.000	14.800	1.30
11	15	300	20	15	100	34.300	31.400	25.200	1.37
12	15	500	20	10	100	56.000	43.400	28.200	1.36
13	15	1000	20	10	100	115.700	101.300	60.800	1.44
14	16	50	20	10	100	5.900	9.500	7.100	1.29
15	16	100	20	10	100	10.500	12.700	10.200	1.26
16	16	200	20	10	100	22.800	27.800	20.500	1.37
17	16	500	20	10	100	56.400	45.700	39.100	1.42
18	17	50	20	10	100	5.800	10.200	6.800	1.31
19	17	200	20	10	100	22.400	20.700	19.500	1.34
20	17	500	20	10	100	56.800	39.700	42.400	1.44
21	18	50	20	10	100	5.300	9.600	6.600	1.55
22	18	100	20	10	100	11.200	15.500	14.800	1.29
23	18	200	20	10	100	22.500	25.600	19.300	1.33
24	18	500	20	10	100	56.800	52.600	44.700	1.50
25	19	50	20	10	100	5.600	6.500	6.400	1.23
26	19	100	20	10	100	11.800	13.500	11.700	1.24
27	19	200	20	10	99	22.200	23.400	19.500	1.30
28	19	500	20	10	100	56.900	50.900	38.600	1.40
29	19	1000	20	10	99	112.500	84.600	67.200	1.47
30	20	50	20	10	100	5.800	8.400	7.000	1.24
31	20	200	20	10	100	22.600	26.200	16.700	1.37
32	20	500	20	10	100	57.100	48.300	34.200	1.41

[a] Reaktionszeiten wurden nicht systematisch optimiert. [b] Die Monomerumsätze sowie $M_{n,NMR}$ wurden mithilfe von ^{1}H-NMR-Spektroskopie ermittelt. [c] Die theoretischen molaren Massen wurden nach der folgenden Beziehung ermittelt: $[CL]_0/[BH_4]_0$ x Umsatz$_{CL}$ x M_{CL}, wobei M_{CL} = 114.14 gmol^{-1}. [d] Die experimentellen molaren Massen wurden über SEC gegen einen Polystyrolstandard ermittelt und mit dem Faktor 0.56 korrigiert. [e] Die Verteilungen der molaren Massen wurden aus den SEC-Kurven berechnet.

Auch die dreiwertigen Lanthanoid-Verbindungen des {(Me$_3$SiNPPh$_2$)(SPPh$_2$)CH}-Liganden erreichen bei Raumtemperatur nach 10 Minuten einen vollständigen Umsatz bei der Polymerisation von CL. Die experimentell ermittelten Molmassen $M_{n,NMR}$ und $M_{n,SEC}$ sind ebenfalls in guter Übereinstimmung mit den theoretischen Molmassen $M_{n,theo}$. Es wurden Monomerbeladungen bis hin zu 1000 Äquivalenten getestet und dabei Molmassen von bis zu 101.000 g/mol erhalten (Eintrag 13). Auch hier gilt die Beobachtung, dass die erhaltenen Molmassenverteilungen bei höherer Monomerbeladung tendenziell breiter werden. Bei der Ermittlung der Molmassen über SEC ist Folgendes zu erkennen: Je höher $M_{n,theo}$ ist, desto mehr weicht $M_{n,SEC}$ prozentual in Richtung zu niedriger Molmassen ab. Teilweise ist der Effekt auch schon in Tabelle 5 und Tabelle 6 zu erkennen, allerdings ist er dort nicht so eindeutig zu belegen wie in Tabelle 7. Kein eindeutiger Trend ist bei der Breite der Molmassenverteilung in Abhängigkeit der Ionengröße des Metalls zu beobachten.

Mit Verbindung **15** wurde das Katalyseverhalten bei unterschiedlichen Verdünnungen hinsichtlich Reaktivität und Reaktionskontrolle untersucht. Gleichzeitig gelang hierbei ein entscheidender Hinweis auf den Charakter der Reaktion: die lebende Polymerisation. Dazu wurde die Samariumverbindung **15** in 21 mL Toluol gelöst (statt der bisherigen 0.5 mL) und 150 Äquivalente CL zugegeben (Eintrag 9); nach Rühren der Mischung für 15 Minuten wurde ein Aliquot entnommen, mit essigsaurer Toluollösung abgebrochen und aufgearbeitet, während zur verbliebenen Reaktionsmischung weitere 150 Äquivalente CL gegeben wurden. Nach weiterem Rühren bei Raumtemperatur für 15 Minuten wurde die Reaktion komplett abgebrochen und aufgearbeitet (Eintrag 11). Da die ermittelten Molmassen sehr gut mit der theoretischen Molmasse übereinstimmen, lässt sich mit einiger Sicherheit sagen, dass nach 10 Minuten die ersten 150 Äquivalenten des Monomers komplett polymerisiert wurden (Molmasse etwa 17.000 g/mol), die aktiven Zentren jedoch noch nicht deaktiviert sind, sondern vielmehr weitere 150 Äquivalente CL polymerisieren können (Molmasse etwa 31.000 g/mol). Eintrag 8 beschreibt die Reaktion von 150 Äquivalenten CL unter Katalyse von **15** in 12 mL Toluol und wurde ursprünglich mit der Absicht durchgeführt, die eben beschriebene Doppeladdition des Monomers zu testen und so den Beweis für eine lebende Polymerisation zu liefern. Allerdings erstarrte die Reaktion schon nach kurzer Zeit in Form eines farblosen Gels, sodass kein Aliquot entnommen werden konnte. Man erkennt aus dem Vergleich der Einträge 8 und 9, dass die Molmassenverteilung bei ungefähr gleichem Molekulargewicht des erhaltenen Polymers bei höherer Verdünnung schmaler wird.

3.4.2 Polymerisation von Trimethylencarbonat

Alle Polymerisationsreaktionen von TMC wurden unter einer Argon-Atmosphäre bei 23°C durchgeführt. Bei jeder Polymerisation wurden etwa 10 µmol des jeweiligen Borhydridkomplexes verwendet. Dieser wurde gemeinsam mit TMC eingewogen und anschließend 5 mL Toluol zugegeben. Ab diesem Zeitpunkt wurde die Reaktionszeit gemessen. Der Umsatz wurde durch Integration der beiden Methylen-Wasserstoffatome ($CH_2CH_2OC(O)$) im ^{1}H-NMR der Reaktionsmischung - δ_{TMC} 4.45, δ_{PTMC} 4.23 - bestimmt nach der Beziehung Int.$_{PTMC}$/[Int.$_{PTMC}$ + Int.$_{TMC}$]. Die theoretische molare Masse $M_{n,theo}$ wurde nach folgender Beziehung ermittelt: $[TMC]_0/[BH_4]_0$ x Umsatz$_{TMC}$ x M_{TMC}. Der Wert für $M_{n,NMR}$ ergibt sich aus dem Verhältnis der Methylenprotonen der Kettenenden (HOCH_2CH$_2$) bei δ 3.73 ppm zu denen der Polymerkette ($CH_2CH_2OC(O)$) bei δ 4.23 ppm im ^{1}H-NMR des Produkts.

Tabelle 8: Polymerisationsreaktionen von TMC unter Verwendung der Lanthanoid-Borhydridkomplexe 7, 9, 11, 13, 15 und 19 bei 23°C in Toluol.

Eintrag	Kat.	$[TMC]_0/[BH_4]_0$	Temperatur [°C]	Zeit[a] [min]	Umsatz[b] [%]	$M_{n,theo}$[c] [g/mol]	$M_{n,NMR}$[b] [g/mol]	$M_{n,SEC}$[d] [g/mol]	M_w/M_n[e]
1	7	50	23	10	88	4.600	7.600	–	–
2	7	150	23	10	79	12.200	8.600	23.400	1.48
3	7	250	23	30	90	23.300	–	31.000	1.71
4	9	50	23	10	72	3.700	4.700	7.400	1.56
5	9	150	23	10	73	11.200	–	14.600	1.37
6	9	250	23	30	98	25.000	16.000	34.600	1.59
7	11	50	23	10	82	4.200	6.000	10.700	1.60
8	11	150	23	10	44	6.700	6.100	14.100	1.38
9	11	200	23	120	94	19.300	14.900	28.300	1.51
10	11	250	23	30	73	18.500	11.300	24.000	1.47
11	13	50	23	10	73	3.900	8.900	14.500	1.67
12	13	150	23	10	50	7.800	7.900	24.800	1.61
13	13	250	23	30	50	12.700	11.200	41.700	1.82
14	15	50	23	10	72	3.700	5.100	7.100	1.49
15	15	100	23	120	100	10.400	9.700	13.000	1.37
16	15	150	23	10	31	4.700	5.000	8.400	1.40
17	15	250	23	30	86	21.900	14.000	26.500	1.61
18	19	50	23	10	84	4.300	4.700	6.600	1.40
19	19	150	23	10	45	6.900	5.500	10.300	1.34
20	19	250	23	30	78	20.000	12.300	20.800	1.46

[a] Reaktionszeiten wurden nicht systematisch optimiert. [b] Die Monomerumsätze sowie $M_{n,NMR}$ wurden mithilfe von ^{1}H-NMR-Spektroskopie ermittelt. [c] Die theoretischen molaren Massen wurden nach der folgenden Beziehung ermittelt: $[TMC]_0/[BH_4]_0$ x Umsatz$_{TMC}$ x M_{TMC}, wobei M_{TMC} = 102.09 gmol^{-1}. [d] Die experimentellen molaren Massen wurden über SEC gegen einen Polystyrolstandard ermittelt und mit dem Faktor 0.73 korrigiert. [e] Die Verteilungen der molaren Massen wurden aus den SEC-Kurven berechnet.

Im Gegensatz zu den Polymerisationen mit CL wurden hier nach Reaktionszeiten von 10 Minuten bei Raumtemperatur wie erwartet keine quantitativen Umsätze erreicht - obwohl die Monomerbeladung mit bis zu 250 Äquivalenten deutlich niedriger war als bei den Reaktionen mit CL. Ein vollständiger Umsatz wurde durch deutliche Erhöhung der Reaktionszeit auf 120 Minuten erreicht (Einträge 9 und 15). Die über

NMR ermittelten Molmassen $M_{n,NMR}$ sind in guter Übereinstimmung mit den Werten für $M_{n,theo}$ und reichen bis zu 16.000 g/mol (Eintrag 6). Im Gegensatz dazu sind die über SEC bestimmten Molmassen $M_{n,SEC}$ signifikant höher als $M_{n,theo}$ und $M_{n,NMR}$. Eventuell war der verwendete Korrekturfaktor zu niedrig. Die Tendenz sowie die Relation der Werte stimmen jedoch: verdoppelt sich beispielsweise $M_{n,theo}$, so verdoppelt sich auch näherungsweise $M_{n,SEC}$ (Einträge 5 und 6). Tendenziell wird die erhaltene Molmassenverteilung bei höherer Monomerbeladung breiter. Es lässt sich jedoch kein eindeutiger Trend bei der Breite der Molmassenverteilung in Abhängigkeit der Ionengröße des Metalls beobachten.

Die Aktivität der getesteten Seltenerdmetall-Borhydridkomplexe bei der Polymerisation von TMC ist vergleichbar mit ähnlichen schon bekannten Verbindungen in der Literatur, wie beispielsweise dem Lanthan-Borhydridkomplex [{(Me$_3$SiNPPh$_2$)$_2$CH}La(BH$_4$)$_2$(THF)] oder den beiden Verbindungen [{(Me$_3$SiNPPh$_2$)$_2$CH}Y(BH$_4$)$_2$] und [{(Me$_3$SiNPPh$_2$)$_2$CH}Lu(BH$_4$)$_2$].[30a]

3.4.3 Polymerisation von *L*-Lactid

Alle Polymerisationsreaktionen wurden unter Argon-Atmosphäre durchgeführt. Hierbei wurden der Katalysator (15 μmol) und LLA in getrennte Schlenkgefäße eingewogen und jeweils in der entsprechenden Menge THF gelöst (resultierende Monomerkonzentration in Lösung: 1 mol/L). Danach wurde die Monomerlösung zur Katalysatorlösung gegeben und in einem vorgeheizten Ölbad bei 60°C für die jeweilige Zeit gerührt. Zu Beginn des Erhitzens des Reaktionsgemisches wurde die Zeitmessung gestartet. Der Umsatz wurde durch Integration der Signale des Methin-Wasserstoffatoms (OCHCH$_3$CH$_2$C(O)) - δ_{LA} 5.03, δ_{PLA} 5.15 - im ^{1}H-NMR der Reaktionsmischung bestimmt nach der Beziehung Int.$_{PLA}$/[Int.$_{PLA}$ + Int.$_{LA}$]. Die theoretische molare Masse M_{theor} wurde nach folgender Beziehung ermittelt: [Lactid]$_0$/[BH$_4$]$_0$ x Umsatz$_{Lactid}$ x M$_{Lactid}$.

Tabelle 9: Polymerisationsreaktionen von LLA unter Verwendung der beiden dreiwertigen Samarium-Komplexe **9** und **15** in THF.

Eintrag	Kat.	$[LLA]_0/[BH_4]_0$	Temperatur [°C]	Zeit[a] [min]	Umsatz[b] [%]	$M_{n,theo}$[c] [g/mol]	$M_{n,SEC}$[d] [g/mol]	M_w/M_n[e]
1	9	100	23	20	8	–	–	–
2	9	100	60	20	40	5.900	4.700	1.26
3	9	300	60	40	52	22.400	13.300	1.24
4	9	500	60	60	25	18.000	9.100	1.22
5	15	100	60	20	30	4.300	3.800	1.26
6	15	300	60	40	43	18.600	10.700	1.21
7	15	500	60	60	21	15.200	8.000	1.21

[a] Reaktionszeiten wurden nicht systematisch optimiert. [b] Die Monomerumsätze wurden mithilfe von ^{1}H-NMR-Spektroskopie ermittelt. [c] Die theoretischen molaren Massen wurden nach der folgenden Beziehung ermittelt: $[Lactid]_0/[BH_4]_0$ x Umsatz$_{Lactid}$ x M$_{Lactid}$, wobei M$_{Lactid}$ = 144.13 gmol^{-1}. [d] Die experimentellen molaren Massen wurden über SEC gegen einen Polystyrolstandard ermittelt und mit dem Faktor 0.58 korrigiert. [e] Die Verteilungen der molaren Massen wurden aus den SEC-Kurven berechnet.

Im Gegensatz zu den beiden zuvor eingesetzten Monomeren, lässt sich LLA nicht bei Raumtemperatur unter der Katalyse von **9** oder **15** polymerisieren, sondern benötigt eine erhöhte Reaktionstemperatur. Auch die Umsätze sind im Vergleich deutlich geringer. Die erhaltenen Polymere sind erwartungsgemäß isotaktisch, was im ^{1}H-NMR deutlich am definierten Quartett für das Methin-Proton bei 5.1 ppm zu erkennen ist.

Die experimentell ermittelten Molmassen $M_{n,SEC}$ stimmen mit den theoretischen Molmassen $M_{n,theo}$ näherungsweise überein. Allerdings sind bei nahezu allen SEC-Kurven leicht bimodale Verteilungen zu beobachten. Es wurden Monomerbeladungen von bis zu 500 Äquivalenten getestet und dabei Molmassen von bis zu 13.000 g/mol erhalten (Eintrag 3). Die scheinbar widersprüchliche Beobachtung, dass die erhaltenen Molmassenverteilungen bei höherer Monomerbeladung tendenziell schmaler werden, lässt sich dadurch erklären, dass bei der Reaktion die Konzentration des Monomers konstant bei 1 mol/l gehalten wurde. Somit sinkt die Konzentration des Katalysators in der Reaktionsmischung bei höheren Monomerbeladungen und führt daher zu einer kontrollierteren Reaktion und damit verbunden zu geringeren Polydispersitäten.

4 Experimenteller Teil

4.1 Allgemeines

4.1.1 Arbeitstechnik

Alle Arbeiten mit luftempfindlichen Substanzen wurden unter strengem Ausschluss von Luft oder Feuchtigkeit durchgeführt. Hierzu wurden ausgeheizte Schlenkgeräte an Hochvakuumapparaturen mit einem Ölpumpenvakuum von ca. $1 \cdot 10^{-3}$ mbar und Gloveboxen der Firma *MBraun* verwendet. Vorrats- und Reaktionsgefäße wurden über Schlauchverbindungen oder direkt über Schliffverbindungen an die Apparaturen angeschlossen, mehrmals auf Maximalvakuum evakuiert und anschließend mit Stickstoff oder Argon geflutet.

4.1.2 Lösemittel

Kohlenwasserstoffe (*n*-Pentan, *n*-Heptan, Toluol) wurden über eine Lösemitteltrocknungsanlage (SPS-800) der Firma *MBraun* getrocknet. Etherische Lösemittel (Diethylether, Tetrahydrofuran) wurden aus einer SPS-Anlage entnommen und dann nochmals über Kalium/Benzophenon unter Stickstoffatmosphäre über eine Umlaufdestille destilliert. Dichlormethan und Acetonitril wurden über Calciumhydrid unter einer Stickstoffatmosphäre mehrere Stunden refluxiert und dann destilliert. Alle auf diese Art getrockneten Lösemittel wurden in wiederverschließbaren Glasgeräten unter Stickstoffatmosphäre aufbewahrt. Lösemittel in einer Kondensationsapparatur wurden über Lithiumaluminiumhydrid unter vermindertem Druck aufbewahrt und bei -78°C direkt auf den Syntheseansatz kondensiert. Deuterierte Lösemittel (C_6D_6, D_8-THF) wurden entgast und über Na/K-Legierung gelagert. $CDCl_3$ wurde über Molsieb (3Å) aufbewahrt.

4.1.3 Monomere

ε-Caprolacton (CL) wurde 24 Stunden über Calciumhydrid unter einer Argonatmosphäre bei Raumtemperatur gerührt, danach entgast und schließlich destilliert und in einem Schlenkkolben über Molsieb (3 Å) in einer Glovebox der Firma *Jacomex* gelagert.

Trimethylencarbonat (TMC) wurde in trockenem THF gelöst und die Lösung 48 Stunden über Calciumhydrid bei Raumtemperatur unter einer Argonatmosphäre gerührt. Danach wurde die Suspension filtriert und aus kaltem THF umkristallisiert. TMC wurde schließlich in einer Glovebox der Firma *Jacomex* gelagert.

rac-Lactid (*rac*-LA) und *L*-Lactid (*L*-La) wurden jeweils zweimal aus heißem *iso*-Propanol und anschließend zweimal aus trockenem heißem Toluol umkristallisiert. Anschließend wurde der Feststoff abfiltriert, getrocknet und in einer Glovebox der Firma *Jacomex* gelagert.

4.1.4 Spektroskopie/Spektrometrie

NMR-Spektren aller neu dargestellten Verbindungen und deren Vorstufen wurden auf Avance II 400 bzw. Avance II 300 FT-NMR Spektrometern der Firma *Bruker* aufgenommen. Die chemischen Verschiebungen (ppm) sind auf Tetramethylsilan (^{1}H, ^{13}C, ^{29}Si), BF$_3$·Et$_2$O (^{11}B), 85 %-ige H$_3$PO$_4$ (^{31}P) sowie [Yb(C$_5$Me$_5$)$_2$(THF)$_2$] (^{171}Yb) referenziert. Die Kopplung zwischen Ytterbium und Phosphor wurde über ein zweidimensionales ^{31}P/^{171}Yb-HMQC-NMR-Experiment bestimmt. Die NMR-Spektren aller Polymerisationsreaktionen und deren Produkte wurden auf einem Ascend 400 Spektrometer der Firma *Bruker* aufgenommen. Die Aufnahme von IR-Spektren erfolgte an einem Tensor 37 Spektrometer der Firma *Bruker*. Massenspektren wurden auf einem MAT 8200 der Firma *Finnigan* gemessen. Elementaranalysen wurden mit einem Vario MicroCube der Firma *Elementar Analysensysteme GmbH* durchgeführt. Die Zahlenmittel der molaren Masse M_n und die Polydispersitäten M_w/M_n der erhaltenen Polymere wurden über einen Gelpermeationschromatographen vom Typ PL-GPC50 der Firma *Agilent Technologies*, ausgestattet mit einem Brechungsindex-Detektor und mit zwei *ResiPore* 300 x 7.5 mm Säulen, in THF bei 30°C bestimmt (Durchflussrate: 1.0 mL/min). Die Kalibrierung aller Messkurven wurde mit Polystryrol-Standards durchgeführt; anschließend wurden die erhaltenen Werte für M_n mit den für das jeweilige Polymer gültigen Korrekturfaktoren multipliziert.[29f, 30c, 33p, 77]

4.2 Synthesevorschriften und Analytik

4.2.1 Synthese der bekannten Ausgangsverbindungen

Die folgenden Verbindungen wurden nach literaturbekannten Synthesevorschriften dargestellt:

$LnCl_3$ (Ln = Sc, Y, Tb, Dy, Sm, Eu, Er, Yb, Lu)[78]

$[YbI_2(THF)_2]$[79]

$[Ln(BH_4)_3(THF)_3]$ (Ln = Y, Tb, Dy, Sm, Eu, Er, Yb, Lu)[45]

$[Sc(BH_4)_3(THF)_2]$[45]

$[Ln(BH_4)_2(THF)_2]$ (Ln = Sm, Eu, Yb)[33e, 46]

(dipp)$_2$NacNacH[64-65]

(dipp)$_2$NacNacK[64-65]

FerrocenylNacacH (**1**)[80]

(dipp)$_2$pyrH[60b, 60c]

(dipp)$_2$pyrK[60a]

{(Me$_3$SiNPPh$_2$)(SPPh$_2$)CH$_2$}[72-73]

[{(Me$_3$SiNPPh$_2$)(SPPh$_2$)CH}K][72-73]

4.2.2 Synthese der neuen Verbindungen

4.2.2.1 FerrocenylNacacH (**1**)

Von dieser Verbindung existiert derzeit noch keine Kristallstruktur - lediglich die Charakterisierung mittels NMR, Massenspektrometrie (EI) und Elementaranalyse ist publiziert.[80]

Zu einer Lösung von Aminoferrocen (198 mg, 0.98 mmol) in 15 mL Dichlormethan über Molsieb (3 Å) wird bei RT 2,4-Pentandion (0.1 mL, 0.98 mmol) zugetropft. Die resultierende orange Lösung wird 12 Stunden bei RT gerührt, abfiltriert und das Lösemittel im Vakuum entfernt. Durch Zugabe von 10 mL n-Pentan und anschließender Lagerung bei 5°C für fünf Tage wird das Produkt in Form orangefarbener Nadeln erhalten. - Ausbeute: 164 mg (59%) - ^{1}H NMR (C$_6$D$_6$, 300.13 MHz, 25°C): δ 1.54 (s, 3 H, C(O)Me), 2.04 (s, 3 H, MeC(NH)), 3.70 (t, 2 H, $H_{3,4}$-C$_5$H$_4$, $^3J_{H-H}$ = 1.9 Hz), 3.94 (t, 2H, $H_{2,5}$-C$_5$H$_4$, $^3J_{H-H}$ = 1.9 Hz), 4.04 (s, 5 H, Cp), 4.98 (s, 1 H, $H_{Rückgrat}$), 12.54 (s, 1 H, NH) ppm. - ^{13}C NMR{^{1}H} (C$_6$D$_6$, 75.48 MHz, 25°C): δ 18.7 (MeC(NH)), 28.8 (C(O)Me), 65.56 ($C_{3,4}$-C$_5$H$_4$), 65.6 ($C_{2,5}$-C$_5$H$_4$), 69.6 (Cp), 94.5 (C_1-C$_5$H$_4$), 96.7 (MeC(N)), 161.1 (MeC(N)), 195.1 (C=O) ppm.

4.2.2.2 [{(dipp)$_2$pyr}$_2$Yb(THF)] (4)

Auf [YbI$_2$·2THF] (98 mg, 0.17 mmol) und (dipp)$_2$pyrK (165 mg, 0.34 mmol) werden 20 mL THF kondensiert. Die resultierende dunkelgrüne Reaktionsmischung wird über Nacht bei Raumtemperatur gerührt, abfiltriert und auf 5 mL eingeengt. Durch Lagerung bei -20°C für eine Woche erhält man das Produkt in Form grüner Kristalle. - Ausbeute: 89 mg (76%) - ^{1}H NMR (C$_6$D$_6$, 300.13 MHz, 25°C): 1.22 (d, 48 H, CH(CH$_3$), $^3J_{H-H}$ = 6.8 Hz), 3.21 (sept, 8 H, CHMe$_2$, $^3J_{H-H}$ = 6.9 Hz), 6.72 (s, 4 H, 3,4-pyr), 6.99 - 7.16 (m, 12 H, Ph), 8.18 (s, 4 H, N=CH) ppm. - ^{13}C{^{1}H} NMR (d$_8$-THF, 75.48 MHz, 25°C): δ 25.6 (CHMeMe', CHMeMe'), 27.8 (CHMe$_2$), 117.7 (3,4-pyr), 122.7 (C_m), 124.0 (C_p), 137.8 (C_o), 139.3 (2,5-pyr), 151.0 (C_{ipso}), 161.1 (N=CH) ppm. - IR (ATR, cm^{-1}): 3451 (w), 3058 (vw), 2962 (m), 2924 (m), 2866 (m), 1615 (s), 1600 (s), 1580 (vs), 1460 (m), 1437 (m), 1398 (m), 98 (m), 1057 (m), 1037 (m), 1029 m), 990 (m), 961 (m), 932 (m), 81382 (m), 1360 (m), 1336 (m), 1311 (m), 1254 (vs), 1233 (m), 1195 (m), 1157 (vs), 1069 (m), 852 (m), 795 (m), 773 (m), 762 (vs), 737 (s), 701 (m), 683 (m), 667 (m), 594 (m), 568 (m), 546 (m).

4.2.2.3 Allgemeine Synthesevorschrift für die Lanthanoid-Borhydridkomplexe

Auf das Kaliumsalz des jeweiligen Liganden und das entsprechende Lanthanoid-Borhydrid werden 25 mL THF kondensiert. Die Reaktionsmischung wird über Nacht bei angegebener Temperatur gerührt. Es entsteht ein feiner farbloser Niederschlag. Nach Absetzen des Niederschlags wird filtriert und die Lösung auf etwa 10 mL eingeengt. Nach Lagerung bei der angegebenen Temperatur für mehrere Tage erhält man das Produkt in kristalliner Form.

4.2.2.4   [(dipp)$_2$pyrEu(BH$_4$)(THF)$_3$] (2)

[(dipp)$_2$pyrK] (134 mg, 0.28 mmol), [Eu(BH$_4$)$_2$(THF)$_2$] (91 mg, 0.28 mmol), Synthese bei RT - Ausbeute: 230 mg (41%) orange Kristalle werden durch Lagerung bei -20°C für drei Tage erhalten. - IR (ATR, cm^{-1}): 3451 (w), 3060 (vw), 2959 (m), 2924 (m), 2866 (m), 2301 (br), 2223 (br), 1621 (m), 1596 (m), 1572 (s), 1460 (m), 1440 (m), 1410 (m), 1382 (m), 1361 (m), 1335 (m), 1317 (m), 1254 (m), 1242 (m), 1159 (vs), 1097 (m), 1040 (s), 979 (m), 933 (m), 874 (m), 862 (m), 801 (m), 776 (m), 736 (s), 699 (m), 684 (m), 668 (m), 603 (m), 575 (m), 552 (m). - EI-MS (70 eV, 100°C): *m/z* (%) = 593 ([*M* - BH$_4$]$^+$, 5), 453 ([(dipp)$_2$pyrBH$_4$ - 2H]$^+$, 10), 447 ([(dipp)$_2$pyrBH$_4$ - 2H - CH$_3$]$^+$, 5), 438 ([(dipp)$_2$pyr - 2H]$^+$, 5), 398 ([(dipp)$_2$pyr]$^+$ - CH(CH$_3$)$_2$), 7).

4.2.2.5   [(dipp)$_2$pyrYb(BH$_4$)(THF)$_3$] (3)

[(dipp)$_2$pyrK] (92 mg, 0.19 mmol), [Yb(BH$_4$)$_2$(THF)$_2$] (67 mg, 0.19 mmol), Synthese bei RT - keine Ausbeutebestimmung möglich. Grüne Kristalle werden durch Lagerung bei -20°C für drei Tage erhalten. - ^{1}H NMR (d$_8$-THF, 300.13 MHz, 25°C): δ 0.19 - 0.97 (q, br, 4 H, B*H*$_4$, $^1J_{H-B}$ = 82.4 Hz), 1.19 (d, 24 H, CH(C*H*$_3$), $^3J_{H-H}$ = 6.9 Hz), 3.20 (sept, 4 H, C*H*Me$_2$, $^3J_{H-H}$ = 6.9 Hz), 6.80 (s, 2 H, *3,4-pyr*), 7.00 - 7.06 (m, 2 H, *p-Ph*), 7.09 - 7.14 (m, 4 H, *m-Ph*), 8.13 (s, 2 H, N=C*H*) ppm. - ^{11}B NMR (d$_8$-THF, 96.29 MHz, 25°C): δ -34.0 (qt, $^1J_{H-B}$ = 82.7 Hz) ppm. - ^{13}C{^{1}H} NMR (d$_8$-THF, 75.48 MHz, 25°C): δ 25.4 (CH*Me*Me', CHMe*Me*'), 27.5 (CH*Me*$_2$), 117.0 (3,4-pyr), 122.5 (*C$_m$*), 123.5 (*C$_p$*), 139.0 (*C$_o$*), 143.4 (2,5-pyr), 150.8 (*C$_{ipso}$*), 160.6 (N=CH) ppm. - ^{171}Yb{^{1}H} NMR (d$_8$-THF, 70.02 MHz, 25°C): δ 618.6 (br) ppm. - IR (ATR, cm^{-1}): 3443 (w), 3062 (vw), 2958 (s), 2923 (vs), 2854 (m), 2300 (br), 2236 (br), 1623 (s), 1572 (m), 1459 (s), 1440 (m), 1382 (m), 1361 (m), 1335 (m), 1317 (m), 1254 (m), 1217 (m), 1160 (vs), 1098 (m), 1043 (s), 977 (m), 958 (m), 933 (m), 887 (m), 858 (m), 801 (s), 777 (s), 750 (s), 683 (m), 621 (m), 605 (m), 564 (m), 529 (m). - EI-MS (70 eV, 230°C): *m/z* (%) = 614 ([*M* - BH$_4$]$^+$, 11), 453 ([(dipp)$_2$pyrBH$_4$ - 2H]$^+$, 10), 438 ([(dipp)$_2$pyr - 2H]$^+$, 5), 398 ([(dipp)$_2$pyr - CH(CH$_3$)$_2$]$^+$, 15).

4.2.2.6 [(dipp)$_2$NacNacSm(BH$_4$)(THF)$_2$] (5)

[(dipp)$_2$NacNacK] (142 mg, 0.31 mmol), [Sm(BH$_4$)$_2$(THF)$_2$] (101 mg, 0.31 mmol), Synthese bei RT - Ausbeute: 89 mg (43%) schwarze Kristalle werden durch Lagerung bei -20°C für drei Tage erhalten. - IR (ATR, cm^{-1}): 2959 (s), 2925 (m), 2867 (m), 2313 (br), 1661 (m), 1621 (m), 1590 (w), 1549 (vs), 1486 (m), 1460 (m), 1439 (s), 1380 (m), 1362 (s), 1324 (m), 1276 (m), 1254 (m), 1221 (m), 1175 (s), 1140 (m), 1101 (m), 1058 (m), 1032 (m), 935 (m), 882 (m), 823 (s), 799 (m), 785 (s), 757 (vs), 727 (m), 702 (m), 556 (m). - C$_{41}$H$_{69}$BN$_2$O$_3$Sm (799.17): berechnet C, 61.12; H, 8.46; N, 3.85; gefunden C, 61.82; H, 8.24; N, 4.16.

4.2.2.7 [(dipp)$_2$NacNacEu(BH$_4$)(THF)$_2$] (6)

[(dipp)$_2$NacNacK] (152 mg, 0.33 mmol), [Eu(BH$_4$)$_2$(THF)$_2$] (108 mg, 0.33 mmol), Synthese bei RT - Ausbeute: 124 mg (51%) gelbe Kristalle werden durch Lagerung bei -20°C für zwei Tage erhalten. - IR (ATR, cm^{-1}): 2960 (s), 2926 (m), 2868 (m), 2298 (br), 1661 (m), 1621 (m), 1590 (w), 1549 (s), 1486 (m), 1460 (m), 1438 (m), 1400 (m), 1381 (m), 1363 (s), 1312 (m), 1258 (s), 1221 (m), 1173 (s), 1142 (m), 1099 (vs), 1057 (m), 1033 (vs), 934 (m), 920 (m), 877 (s), 799 (s), 784 (vs), 756 (vs), 702 (m), 670 (m), 614 (m), 596 (m), 505 (m). - C$_{41}$H$_{69}$BN$_2$O$_3$Eu (800.77): berechnet C, 61.50; H, 8.69; N, 3.50; gefunden C, 61.79; H, 8.52; N, 3.82.

4.2.2.8 [(dipp)$_2$NacNacYb(BH$_4$)(THF)$_2$] (7)

[(dipp)$_2$NacNacK] (140 mg, 0.31 mmol), [Yb(BH$_4$)$_2$(THF)$_2$] (106 mg, 0.31 mmol), Synthese bei RT - Ausbeute: 123 mg (53%) orange Kristalle werden durch Lagerung bei -20°C für zwei Tage erhalten. - ^{1}H NMR (d$_8$-THF, 300.13 MHz, 25°C): δ 0.2 - 1.1 (q, br, 4 H, B*H*$_4$, $^1J_{H-B}$ = 80.7 Hz), 1.18 (d, 12 H, CHMe*Me'*, $^3J_{H-H}$ = 6.6 Hz), 1.27 (d, 12 H, CH*Me*Me', $^3J_{H-H}$ = 6.7 Hz), 1.61 (s, 6 H, *Me*$_{Rückgrat}$), 3.4 (sept, 4 H, C*H*Me$_2$, $^3J_{H-H}$ = 6.3 Hz), 4.72 (s, 1 H, *H*$_{Rückgrat}$), 7.00 - 7.07 (m, 2 H, *p-Ph*), 7.09 - 7.15 (m, 4 H, *m-Ph*) ppm. - ^{11}B NMR (d$_8$-THF, 96.29 MHz, 25°C): δ -33.0 (qt, $^1J_{H-B}$ = 81.1 Hz) ppm. - ^{13}C{^{1}H} NMR (d$_8$-THF, 75.48 MHz, 25°C): δ 22.5 (*Me*$_{Rückgrat}$), 25.4 (CHMe*Me'*), 27.6 (CH*Me*Me'), 28.1 (*C*HMe$_2$), 93.9 (*C*$_{Rückgrat}$), 123.2 (*C$_m$*), 123.5 (*C$_p$*), 141.9 (*C$_o$*), 147.9 (*C$_{ipso}$*), 164.3 (*C*=N) ppm. - ^{171}Yb{^{1}H} NMR (d$_8$-THF, 70.02 MHz, 25°C): δ 752.5 (br) ppm. - IR (ATR, cm^{-1}): 3059 (vw), 2960 (s), 2927 (m), 2868 (m), 2237 (br), 1661 (m),

1622 (m), 1590 (w), 1550 (s), 1513 (m), 1488 (m), 1459 (m), 1436 (s), 1402 (m), 1382 (s), 1363 (s), 1325 (m), 1311 (m), 1275 (m), 1254 (m), 1221 (m), 1171 (s), 1100 (m), 1057 (m), 1043 (m), 1008 (m), 925 (m), 899 (m), 828 (m), 783 (s), 756 (vs), 703 (m), 615 (m), 598 (m), 507 (m). - $C_{37}H_{61}BN_2O_2Yb$ (749.74): berechnet C, 59.27; H, 8.20; N, 3.74; gefunden C, 58.94; H, 8.52; N, 3.68.

4.2.2.9   [(dipp)$_2$NacNacSc(BH$_4$)$_2$(THF)] (8)

[(dipp)$_2$NacNacK] (236 mg, 0.52 mmol), [Sc(BH$_4$)$_3$(THF)$_2$] (121 mg, 0.52 mmol), Synthese bei 60°C - Ausbeute: 125 mg (43%) farblose Kristalle werden durch Lagerung bei -20°C für zwei Tage erhalten. - ^{1}H NMR (d$_8$-THF, 300.13 MHz, 25°C): δ 0.02 - 1.03 (q, br, 8 H, BH_4), 1.17 (d, 12 H, CH*Me*Me', $^3J_{H-H}$ = 6.8 Hz), 1.29 (d, 12 H, CH*Me*Me', $^3J_{H-H}$ = 6.8 Hz), 1.86 (s, 6 H, *Me*$_{Rückgrat}$), 3.33 (sept, 4 H, C*H*Me$_2$, $^3J_{H-H}$ = 6.8 Hz), 5.55 (s, 1 H, $H_{Rückgrat}$), 7.21 - 7.24 (m, 6 H, *Ph*) ppm. - ^{11}B NMR (d$_8$-THF, 96.29 MHz, 25°C): δ -19.3 (qt, $^1J_{H-B}$ = 78.1 Hz) ppm. - ^{13}C{^{1}H} NMR (d$_8$-THF, 75.48 MHz, 25°C): δ 23.9 (*Me*$_{Rückgrat}$), 24.2 (CH*Me*Me'), 24.2 (CHMe*Me*'), 27.9 (*C*HMe$_2$), 99.2 (*C*$_{Rückgrat}$), 124.1 (*C$_m$*), 126.5 (*C$_p$*), 143 (*C$_o$*), 143.8 (*C$_{ipso}$*), 168.8 (*C*=N) ppm. - IR (ATR, cm^{-1}): 3057 (vw), 2962 (s), 2926 (m), 2868 (m), 2508 (w), 2494 (w), 2146 (br), 1623 (w), 1576 (m), 1551 (m), 1522 (m), 1457 (m), 1436 (m), 1374 (vs), 1359 (vs), 1313 (s), 1255 (s), 1217 (m), 1169 (m), 1134 (m), 1100 (m), 1057 (m), 1042 (m), 1021 (m), 930 (m), 858 (m), 797 (s), 786 (s), 758 (s), 704 (m), 668 (m), 639 (m), 623 (m), 595 (m), 504 (s). - EI-MS (70 eV, 140°C): *m/z* (%) = 492 ([*M*]$^+$, 2), 477 ([*M* - (BH$_4$)]$^+$, 4), 462 ([*M* - 2(BH$_4$)]$^+$, 1), 418 ([*L*]$^+$, 18), 403 ([*L* - CH$_3$]$^+$, 58), 375 ([*L* - CH(CH$_3$)$_2$]$^+$, 15). - HR-MS (EI, 70 eV, 140°C): *m/z* = 492.36255 (calc. for C$_{29}$H$_{49}$N$_2^{11}$B$_2^{45}$Sc: 492.36355). - C$_{33}$H$_{57}$B$_2$N$_2$OSc (564.4): berechnet C, 70.23; H, 10.18; N, 4.96; gefunden C, 70.21; H, 10.84; N, 4.75.

4.2.2.10   [(dipp)$_2$NacNacSm(BH$_4$)$_2$(THF)] (9)

[(dipp)$_2$NacNacK] (188 mg, 0.41 mmol), [Sm(BH$_4$)$_3$(THF)$_3$] (169 mg, 0.41 mmol), Synthese bei RT - Ausbeute: 138 mg (50%) orange Kristalle werden durch Lagerung bei Raumtemperatur für zwei Tage erhalten. - ^{1}H NMR (d$_8$-THF, 300.13 MHz, 25°C): δ - 8.5 - -6.5 (br, 8 H, BH_4), -0.14 (d, 12 H, CH*Me*Me', $^3J_{H-H}$ = 6.5 Hz), 1.03 (d, 12 H, CH*Me*Me', $^3J_{H-H}$ = 6.5 Hz), 3.09 (s, 6 H, *Me*$_{Rückgrat}$), 5.87 (m, 4 H, C*H*Me$_2$), 6.25 (m, 2 H, *p*-Ph) 6.95 - 7.25 (m, 4 H, *m*-Ph), 9.07 (s, 1 H, $H_{Rückgrat}$) ppm. - ^{11}B NMR (d$_8$-THF,

96.29 MHz, 25°C): δ -34.4 (br) ppm. - $^{13}C\{^1H\}$ NMR (d$_8$-THF, 75.48 MHz, 25°C): δ 22 (Me$_{Rückgrat}$), 22.2 (CHMeMe'), 25.4 (CHMeMe'), 27.0 (CHMe$_2$), 103.6 (C$_{Rückgrat}$), 122.3 (C$_m$), 123.1 (C$_p$), 138.7 (C$_o$), 142.4 (C$_{ipso}$), 177.6 (C=N) ppm. - IR (ATR, cm^{-1}): 3061 (vw), 2961 (s), 2926 (m), 2868 (m), 2456 (w), 1664 (w), 1624 (w), 1590 (w), 1551 (m), 1507 (w), 1459 (s), 1438 (s), 1382 (s), 1363 (s), 1331 (m), 1310 (m), 1256 (s), 1164 (s), 1140 (s), 1101 (s), 1056 (s), 1041 (s), 1019 (s), 926 (m), 871 (m), 840 (m), 797 (vs), 788 (vs), 756 (vs), 798 (m), 668 (m), 623 (m), 600 (m), 523 (m), 508 (m). - C$_{33}$H$_{57}$B$_2$N$_2$OSm (669.8): berechnet C, 59.17; H, 8.58; N, 4.18; gefunden C, 58.22; H, 8.37; N, 3.82.

4.2.2.11 [(dipp)$_2$NacNacDy(BH$_4$)$_2$(THF)] (10)

[(dipp)$_2$NacNacK] (332 mg, 0.73 mmol), [Dy(BH$_4$)$_3$(THF)$_3$] (308 mg, 0.73 mmol), Synthese bei RT - Ausbeute: 126 mg (36%) gelbe Kristalle werden durch Lagerung bei Raumtemperatur für zwei Tage erhalten. - IR (ATR, cm^{-1}): 3060 (vw), 2961 (s), 2926 (m), 2868 (m), 2309 (w), 1663 (w), 1622 (m), 1590 (w), 1550 (m), 1521 (m), 1460 (m), 1437 (m), 1382 (m), 1363 (m), 1312 (m), 1260 (s), 1175 (m), 1098 (s), 1056 (s), 1018 (s), 929 (m), 864 (m), 842 (m), 796 (vs), 757 (s), 728 (s), 701 (m), 624 (m), 599 (m), 514 (m). - C$_{37}$H$_{65}$B$_2$N$_2$O$_2$Dy (754.05): berechnet C, 58.93; H, 8.69; N, 3.72; gefunden C, 59.27; H, 8.82; N, 3.44.

4.2.2.12 [(dipp)$_2$NacNacYb(BH$_4$)$_2$(THF)] (11)

[(dipp)$_2$NacNacK] (207 mg, 0.45 mmol), [Yb(BH$_4$)$_3$(THF)$_3$] (197 mg, 0.45 mmol), Synthese bei RT - Ausbeute: 106 mg (35%) violette Kristalle werden nach Lagerung bei 5°C für drei Tage erhalten. - IR (ATR, cm^{-1}): 3055 (vw), 2962 (s), 2925 (m), 2868 (m), 2477 (w), 2239 (br), 2126 (br), 1623 (w), 1551 (m), 1532 (m), 1509 (m), 1458 (m), 1435 (s), 1383 (vs), 1362 (vs), 1309 (vs), 1259 (s), 1167 (s), 1101 (s), 1055 (m), 1040 (m), 1014 (s), 929 (m), 867 (m), 845 (m), 798 (vs), 769 (vs), 758 (s), 701 (m), 688 (m), 624 (m), 601 (m), 513 (m). - EI-MS (70 eV, 180°C): m/z (%) = 606 ([M - (BH$_4$)]$^+$, 10), 590 ([M - 2(BH$_4$) - H]$^+$, 2), 418 ([L]$^+$, 10), 403 ([L - CH$_3$]$^+$, 39), 375 ([L - CH(CH$_3$)$_2$]$^+$, 14). - C$_{37}$H$_{65}$B$_2$N$_2$O$_2$Yb (764.59): berechnet C, 58.12; H, 8.57; N, 3.66; gefunden C, 58.39; H, 8.35; N, 3.75.

4.2.2.13 [(dipp)₂NacNacLu(BH₄)(OH)] (12)

[(dipp)₂NacNacK] (385 mg, 0.84 mmol), [Lu(BH$_4$)$_3$(THF)$_3$] (367 mg, 0.84 mmol), Synthese bei 60°C - Ausbeute: 171 mg (33%) blassorange Kristalle werden nach Lagerung bei Raumtemperatur für eine Woche erhalten. - ^{1}H NMR (d$_8$-THF, 300.13 MHz, 25°C): δ 0.8 - 1.6 (q, br, 4 H, BH_4), 1.18 (d, 12 H, CH*M*e*Me'*, $^3J_{H-H}$ = 6.8 Hz), 1.3 (d, 12 H, CH*M*eMe', $^3J_{H-H}$ = 6.8 Hz), 1.82 (s, 6 H, *Me$_{Rückgrat}$*), 3.36 (sept, 4 H, C*H*Me$_2$, $^3J_{H-H}$ = 6.7 Hz), 5.34 (s, 1 H, $H_{Rückgrat}$), 7.19 - 7.24 (m, 6 H, *Ph*) ppm. - ^{11}B NMR (d$_8$-THF, 96.29 MHz, 25°C): δ -23.8 (qt, $^1J_{H-B}$ = 80 Hz) ppm. - ^{13}C{^{1}H} NMR (d$_8$-THF, 75.48 MHz, 25°C): δ 22.5 (*Me$_{Rückgrat}$*), 25.4 (CHMe*Me'*), 27.2 (CH*M*eMe'), 28.0 (CHMe$_2$), 98.2 ($C_{Rückgrat}$), 123.9 (C_m), 125.9 (C_p), 143 (C_o), 144.8 (C_{ipso}), 168.8 (*C*=N) ppm. - IR (ATR, cm^{-1}): 2959 (m), 2926 (m), 2867 (w), 2282 (br), 1620 (m), 1549 (s), 1486 (w), 1462 (m), 1439 (m), 1379 (m), 1362 (m), 1322 (m), 1260 (s), 1174 (s), 1056 (vs), 1017 (vs), 934 (m), 790 (vs), 758 (s), 729 (m), 701 (m), 596 (m).

4.2.2.14 [{(Me₃SiNPPh₂)(SPPh₂)CH}Yb(BH₄)(THF)₂] (13)

[{(Me$_3$SiNPPh$_2$)(SPPh$_2$)CH}K] (261 mg, 0.48 mmol), [Yb(BH$_4$)$_2$(THF)$_2$] (167 mg, 0.48 mmol), Synthese bei RT - Ausbeute: 85 mg (21%) orange-rote Kristalle werden nach Lagerung bei -20°C für fünf Tage erhalten. - ^{1}H NMR (d$_8$-THF, 300.13 MHz, 25°C): δ -0.08 (s, 9 H, SiCH_3), 0.29 - 1.26 (q, br, 4 H, BH_4, $^1J_{H-B}$ = 81.2 Hz), 2.21 (br, 1 H, P-CH-P), 7.07 - 7.31 (m, 12 H, *o*-, *p*-P*Ph*), 7.66 - 7.83 (m, 8 H, *m*-P*Ph*) ppm. - ^{11}B NMR (d$_8$-THF, 96.29 MHz, 25°C): δ -34.4 (qt, $^1J_{H-B}$ = 82.4 Hz) ppm. - ^{13}C{^{1}H} NMR (d$_8$-THF, 75.48 MHz, 25°C): δ 3.1 (d, $^3J_{C-P}$ = 4.2 Hz, SiCH$_3$), 25.4 (P-CH-P), 127.2, 127.3, 129.4, 129.8, 131.3 (*Ph*), 137.2 (dd, *i*-P*Ph*, $^1J_{P-C}$ = 91.4 Hz, $^3J_{P-C}$ = 5.8 Hz) ppm. - ^{29}Si{^{1}H} NMR (d$_8$-THF, 59.63 MHz, 25°C): δ -7.3 (d, $^2J_{Si-P(N)}$ = 4.6 Hz) ppm. - ^{31}P{^{1}H} NMR (d$_8$-THF, 121.49 MHz): δ 15.6 (d, P_N, $^2J_{P(N)-P(S)}$ = 14.8 Hz), 31.2 (d, P_S, $^2J_{P(S)-P(N)}$ = 14.8 Hz) ppm. - ^{171}Yb{^{1}H} NMR (d$_8$-THF, 70.02 MHz, 25°C): δ 757.3 (dd, br) ppm. - IR (ATR, cm^{-1}): 3053 (vw), 2948 (m), 2387 (w), 2219 (br), 1481(w), 1436 (s), 1305 (br), 1242 (m), 1153 (s), 1100 (s), 1068 (w), 1035 (w), 999 (w), 932 (w), 829 (s), 772 (m), 737 (s), 706 (m), 691 (vs), 659 (m), 632 (m), 603 (m), 588 (m), 549 (w). - EI-MS (70 eV, 220°C): *m/z* (%) = 692 ([*M* + H]$^+$, 6), 676 ([*M* - (BH$_4$)]$^+$, 4), 488 ([(Me$_3$SiNPPh$_2$)(SPPh$_2$)CH - CH$_3$]$^+$, 34), 471 ([(Me$_3$SiNPPh$_2$)(SPPh$_2$)CH - 2CH$_3$ - 2H]$^+$, 18), 456 ([(Me$_3$SiNPPh$_2$)(SPPh$_2$)CH - 3CH$_3$ - 2H]$^+$, 100). - HR-MS (EI, 70 eV, 220°C): *m/z* = 691.355 (calc. for C$_{28}$H$_{34}$P$_2$^{11}B$_1$^{32}S$_1$N$_1$^{28}Si$_1$^{174}Yb$_1$: 691.113). -

$C_{36}H_{50}BNO_2P_2SSiYb$ (834.74): berechnet C, 51.80; H, 6.04; N, 1.68; S, 3.84; gefunden C, 51.99; H, 6.33; N, 1.65; S, 3.88.

4.2.2.15 [{(Me$_3$SiNPPh$_2$)(SPPh$_2$)CH}Y(BH$_4$)$_2$(THF)] (14)

[{(Me$_3$SiNPPh$_2$)(SPPh$_2$)CH}K] (525 mg, 0.97 mmol), [Y(BH$_4$)$_3$(THF)$_3$] (339 mg, 0.97 mmol), Synthese bei 60°C - Ausbeute: 354 mg (54%) farblose Kristalle werden nach Lagerung bei -20°C für drei Tage erhalten. - ^{1}H NMR (d$_8$-THF, 300.13 MHz, 25°C): δ 0.00 (s, 9 H, SiC*H*$_3$), 0.21 - 1.23 (q, br, 8 H, B*H*$_4$), 1.32 (br, 1 H, P-C*H*-P), 6.85 - 7.13 (m, 4 H, *Ph*), 7.28 - 7.71 (m, 12 H, *Ph*), 7.84 - 8.12 (m, 4 H, *Ph*) ppm. - ^{11}B NMR (d$_8$-THF, 96.29 MHz, 25°C): δ -24.4 (qt, $^1J_{H-B}$ = 84.8 Hz) ppm. - ^{13}C{^{1}H} NMR (d$_8$-THF, 75.48 MHz, 25°C): δ 2.8 (d, $^3J_{C-P}$ = 3.9 Hz, SiC*H*$_3$), 25.4 (P-CH-P), 127.2 - 128.6 (m, *Ph*), 129.1 - 130.6 (m, *Ph*), 131.0 - 132.3 (m, *Ph*) ppm. - ^{29}Si{^{1}H} NMR (d$_8$-THF, 59.63 MHz, 25°C): δ -0.5 (d, br) ppm. - ^{31}P{^{1}H} NMR (d$_8$-THF, 121.49 MHz): δ 19.7 (d, P_N, $^2J_{P(N)-P(S)}$ = 11.8 Hz), 33.2 (d, P_S, $^2J_{P(S)-P(N)}$ = 10.9 Hz) ppm. - IR (ATR, cm^{-1}): 3055 (vw), 2924 (m), 2853 (w), 2436 (w), 2323 (m), 2287 (m), 2237 (m), 2166 (m), 1482 (w), 1436 (s), 1308 (br), 1259 (m), 1248 (m), 1099 (s), 1068 (s), 1026 (m), 999 (m), 913 (m), 839 (vs), 799 (s), 768 (s), 739 (vs), 727 (vs), 707 (m), 690 (vs), 632 (m), 617 (s), 597 (s), 542 (m). - $C_{40}H_{62}B_2NO_3P_2SSiY$ (837.55): berechnet C, 57.36; H, 7.46; N, 1.67; S, 3.83; gefunden C, 57.24; H, 6.94; N, 1.77; S, 3.67.

4.2.2.16 [{(Me$_3$SiNPPh$_2$)(SPPh$_2$)CH}Sm(BH$_4$)$_2$(THF)] (15)

[{(Me$_3$SiNPPh$_2$)(SPPh$_2$)CH}K] (285 mg, 0.53 mmol), [Sm(BH$_4$)$_3$(THF)$_3$] (216 mg, 0.53 mmol), Synthese bei RT - Ausbeute: 137 mg (35%) farblose Kristalle werden nach Lagerung bei -20°C für drei Tage erhalten. - ^{1}H NMR (d$_8$-THF, 300.13 MHz, 25°C): δ -10.30 (br, 8 H, B*H*$_4$), -1.13 (s, 9 H, SiC*H*$_3$), 1.32 (br, 1 H, P-C*H*-P), 7.18 - 7.46 (m, 8 H, *m-PPh*), 7.49 - 7.91 (br, 12 H, *o-, p-PPh*) ppm. - ^{11}B NMR (d$_8$-THF, 96.29 MHz, 25°C): δ -35.5 (br) ppm. - ^{13}C{^{1}H} NMR (d$_8$-THF, 75.48 MHz, 25°C): δ 3.0 (d, $^3J_{C-P}$ = 3.1 Hz, SiC*H*$_3$), 25.4 (P-CH-P), 127.0 - 128.6 (m, *Ph*), 129.4 - 131.8 (m, *Ph*), 132.7 - 133.2 (m, *Ph*) ppm. - ^{29}Si{^{1}H} NMR (d$_8$-THF, 59.63 MHz, 25°C): δ -4.25 (br) ppm. - ^{31}P{^{1}H} NMR (d$_8$-THF, 121.49 MHz): δ 45.1 (br, P_N), 52.6 (br, P_S) ppm. - IR (ATR, cm^{-1}): 3057 (vw), 2924 (m), 2853 (w), 2445 (m), 2205 (br), 1483 (w), 1457 (w), 1436 (s), 1308 (w), 1259 (m), 1247 (m), 1158 (s), 1107 (s), 1076 (s), 1017 (w), 999 (m),

932 (m), 837 (vs), 784 (m), 764 (m), 742 (s), 725 (s), 705 (s), 690 (vs), 664 (m), 614 (m), 594 (m), 542 (m), 506 (s).

4.2.2.17 [{(Me$_3$SiNPPh$_2$)(SPPh$_2$)CH}Tb(BH$_4$)$_2$(THF)] (16)

[{(Me$_3$SiNPPh$_2$)(SPPh$_2$)CH}K] (284 mg, 0.52 mmol), [Tb(BH$_4$)$_3$(THF)$_3$] (220 mg, 0.52 mmol), Synthese bei 60°C - Ausbeute: 168 mg (42 %) farblose Kristalle werden nach Lagerung bei Raumtemperatur für drei Tage erhalten. - IR (ATR, cm^{-1}): 3056 (vw), 2922 (s), 2853 (m), 2221 (br), 1459 (m),1436 (m), 1376 (m), 1303 (m), 1247 (m), 1149 (m), 1101 (m), 1068 (m), 1026 (m), 998 (m), 914 (m), 830 (s), 769 (m), 769 (m), 740 (vs), 727 (vs), 707 (m), 689 (m), 632 (m), 615 (m), 596 (m), 541 (m). - C$_{40}$H$_{62}$B$_2$NO$_3$P$_2$SSiTb (907.57): berechnet C, 52.94; H, 6.89; N, 1.54; S, 3.53; gefunden C, 52.47; H, 6.75; N, 1.71; S, 3.43.

4.2.2.18 [{(Me$_3$SiNPPh$_2$)(SPPh$_2$)CH}Dy(BH$_4$)$_2$(THF)] (17)

[{(Me$_3$SiNPPh$_2$)(SPPh$_2$)CH}K] (767 mg, 1.31 mmol), [Dy(BH$_4$)$_3$(THF)$_3$] (552 mg, 1.31 mmol), Synthese bei 60°C - Ausbeute: 336 mg (34%) farblose Kristalle werden nach Lagerung bei -20°C für zwei Tage erhalten. - IR (ATR, cm^{-1}): 3056 (vw), 2922 (s), 2853 (m), 2435 (w), 2223 (br), 1458 (w),1437 (m), 1375 (m), 1306 (m), 1259 (m), 1247 (m), 1149 (m), 1116 (m), 1099 (m), 1083 (s), 1068 (s), 1027 (m), 998 (m), 917 (m), 841 (vs), 782 (m), 768 (m), 739 (vs), 727 (vs), 707 (s), 690 (vs), 666 (m), 631 (m), 619 (m), 596 (m), 541 (m). - C$_{36}$H$_{54}$B$_2$NO$_2$P$_2$SSiDy (839.04): berechnet C, 51.53; H, 6.49; N, 1.67; S, 3.82; gefunden C, 51.00; H, 6.59; N, 1.69; S, 4.08.

4.2.2.19 [{(Me$_3$SiNPPh$_2$)(SPPh$_2$)CH}Er(BH$_4$)$_2$(THF)] (18)

[{(Me$_3$SiNPPh$_2$)(SPPh$_2$)CH}K] (463 mg, 0.85 mmol), [Er(BH$_4$)$_3$(THF)$_3$] (366 mg, 0.85 mmol), Synthese bei 60°C - Ausbeute: 378 mg (57%) hellviolette Kristalle werden nach Lagerung bei -20°C für zwei Tage erhalten. - IR (ATR, cm^{-1}): 3056 (vw), 2924 (m), 2853 (w), 2438 (w), 2224 (br), 1481 (w),1457 (w), 1436 (m), 1307 (m), 1259 (m), 1246 (m), 1172 (m), 1148 (m), 1117 (s), 1099 (s), 1084 (s), 1068 (m), 1026 (m), 1014 (m), 999 (m), 914 (m), 837 (vs), 782 (m), 768 (s), 739 (s), 727 (vs), 707 (m), 691 (vs), 665 (m), 619 (m), 598 (s), 542 (m), 513 (m). - EI-MS (70 eV, 140°C): *m/z* (%) = 698 ([*M*]$^+$, <1), 683 ([*M* - (BH$_4$)]$^+$, 1), 488 ([{(Me$_3$SiNPPh$_2$)(SPPh$_2$)CH - CH$_3$]$^+$, 9), 471

([(Me₃SiNPPh₂)(SPPh₂)CH - 2CH₃ - 2H]⁺, 3), 456 ([(Me₃SiNPPh₂)(SPPh₂)CH - 3CH₃ - 2H]⁺, 5). - C$_{40}$H$_{62}$B$_2$NO$_3$P$_2$SSiEr (915.9): berechnet C, 52.45; H, 6.82; N, 1.53; S, 3.50; gefunden C, 53.09; H, 6.34; N, 1.78; S, 3.30.

4.2.2.20 [{(Me₃SiNPPh₂)(SPPh₂)CH}Yb(BH₄)₂(THF)] (**19**)

[{(Me₃SiNPPh₂)(SPPh₂)CH}K] (386 mg, 0.71 mmol), [Yb(BH₄)₃(THF)₃] (309 mg, 0.71 mmol), Synthese bei RT - Ausbeute: 253 mg (46%) gelbe Kristalle werden nach Lagerung bei -20°C für drei Tage erhalten. - IR (ATR, cm⁻¹): 3055 (vw), 2923 (m), 2853 (w), 2437 (m), 2226 (br), 1482 (w), 1457 (w), 1436(s), 1306 (br), 1259 (m), 1247 (m), 1149 (m), 1100 (s), 1083 (m), 1068 (m), 1027 (m), 999 (m), 914 (m), 838 (vs), 769 (m), 738 (vs), 727 (vs), 690 (vs), 667 (s), 619 (m), 599 (s), 542 (m), 513 (m). - EI-MS (70 eV, 200°C): m/z (%) = 691 ([M - (BH₄)]⁺, <1), 488 ([(Me₃SiNPPh₂)(SPPh₂)CH - CH₃]⁺, 100), 471 ([(Me₃SiNPPh₂)(SPPh₂)CH - 2CH₃ - 2H]⁺, 13), 456 ([(Me₃SiNPPh₂)(SPPh₂)CH - 3CH₃ - 2H]⁺, 30). - C$_{40}$H$_{62}$B$_2$NO$_3$P$_2$SSiYb (921.69): berechnet C, 52.12; H, 6.78; N, 1.52; S, 3.48; gefunden C, 52.32; H, 6.73; N, 1.65; S, 3.89.

4.2.2.21 [{(Me₃SiNPPh₂)(SPPh₂)CH}Lu(BH₄)₂(THF)] (**20**)

[{(Me₃SiNPPh₂)(SPPh₂)CH}K] (255 mg, 0.47 mmol), [Lu(BH₄)₃(THF)₃] (205 mg, 0.47 mmol), Synthese bei RT - Ausbeute: 262 mg (71%) farblose Kristalle werden nach Lagerung bei -20°C für drei Tage erhalten. - ¹H NMR (d₈-THF, 300.13 MHz, 25°C): δ 0.00 (s, 9 H, SiCH_3), 0.47 - 2.01 (br, 8 H, BH_4), 1.32 (br, 1 H, P-CH-P), 6.85 - 7.12 (m, 4 H, Ph), 7.21 - 7.71 (m, 12 H, Ph), 7.81 - 8.12 (m, 4 H, Ph) ppm. - ¹¹B NMR (d₈-THF, 96.29 MHz, 25°C): δ -24.5 (qt, $^1J_{H-B}$ = 83.2 Hz) ppm. - ¹³C{¹H} NMR (d₈-THF, 75.48 MHz, 25°C): δ 2.9 (d, $^3J_{C-P}$ = 3.7 Hz, SiCH₃), 25.4 (P-CH-P), 127.3 - 128.6 (m, Ph), 128.9 - 129.6 (m, Ph), 130.2 - 132.5 (m, Ph) ppm. - ²⁹Si{¹H} NMR (d₈-THF, 59.63 MHz, 25°C): δ -0.1 (d, br) ppm. - ³¹P{¹H} NMR (d₈-THF, 121.49 MHz): δ 20.2 (br, P_N), 33.2 (br, P_S) ppm. - IR (ATR, cm⁻¹): 3056 (vw), 2922 (vs), 2853 (s), 2441 (w), 2225 (br), 1458 (m), 1437 (s), 1375 (m), 1306 (m), 1260 (m), 1247 (m), 1149 (m), 1117 (m), 1101 (s), 1084 (s), 1069 (s), 1026 (m), 999 (m), 915 (m), 840 (vs), 783 (m), 769 (m), 738 (vs), 727 (vs), 708 (s), 693 (vs), 667 (m), 620 (m), 602 (m), 542 (m), 514 (m). - C$_{40}$H$_{62}$B$_2$NO$_3$P$_2$SSiLu (923.61): berechnet C, 52.02; H, 6.77; N, 1.52; S, 3.47; gefunden C, 51.76; H, 6.61; N, 1.76; S, 3.61.

4.3 Polymerisationsreaktionen

4.3.1 Polymerisation von ε-Caprolacton

Bis auf die Verbindungen **4**, **5** und **12** wurden alle Lanthanoid-Borhydridkomplexe auf ihre katalytischen Eigenschaften bei der Polymerisation von ε-Caprolacton getestet. Hierzu wurden in einer Glovebox 8 µmol des Katalysators in einen Schlenkkolben eingewogen und in 0.5 mL Toluol gelöst. Anschließend wurde das Monomer mittels einer Spritze hinzugegeben und bei 20°C für die entsprechende Zeit gerührt. Die Reaktion wurde schließlich mit 0.5 mL essigsaurer Toluollösung (10 mL konz. HOAc auf 100 mL Toluol) abgebrochen und die flüchtigen Bestandteile unter vermindertem Druck entfernt. Der Umsatz des Monomers wurde über ^{1}H-NMR des Rohproduktes in CDCl$_3$ bestimmt, wobei die Signale der beiden Methylen-Wasserstoffatome (C(O)OCH$_2$CH$_2$)) - δ_{CL} 4.22, δ_{PCL} 4.04 - integriert wurden und somit den Umsatz als Int.$_{PCL}$/[Int.$_{PCL}$ + Int.$_{CL}$] lieferten. Der Rückstand wurde in Dichlormethan gelöst und in kaltes Methanol eingetropft, um das entstandene Polymer aufzureinigen und zu isolieren. Nach Filtration und anschließender Trocknung des Polymers im Vakuum wurde es abschließend charakterisiert. Das Zahlenmittel der molaren Masse M_n und die Polydispersität M_w/M_n wurden durch Gelpermeationschromatographie (GPC) - auch size exclusion chromatography (SEC) genannt - in THF bei 30°C erhalten. Dafür wurde das Polymer in THF gelöst (2mg/mL). Die Kalibration erfolgte gegen einen Polystyrol-Standard unter Verwendung des Korrekturfaktors für $M_{n,SEC}$ von 0.56 ($M_{n,SEC} = M_{n,SEC\ roh} \times 0.56$).[33p] Alle erhaltenen SEC-Kurven zeigten einen unimodalen symmetrischen Peak. Zur alternativen Bestimmung der molaren Masse ($M_{n,NMR}$) wurde ein ^{1}H-NMR des entstandenen Polymers aufgenommen und die Signale der Methylenprotonen der Kettenenden (HOCH$_2$CH$_2$) bei δ = 3.64 ppm integriert und ins entsprechende Verhältnis zu den Methylenprotonen (C(O)OCH$_2$CH$_2$)) bei δ = 4.04 ppm der Polymerkette gesetzt (4 : x). Der auf diese Weise erhaltene Wert für die Signale der Polymerkette wurde nun mit der molaren Masse des Monomers multipliziert, wobei M(ε-CL) = 114.14 g/mol. (Man müsste den erhaltenen Wert für die Protonen der Polymerkette eigentlich mit zwei multiplizieren - es existieren zwei Kettenenden pro Polymermolekül - und danach wieder durch zwei dividieren, da zwei Protonen einer Monomereinheit im Polymermolekül entsprechen) Die theoretische molare Masse M_{theor} wurde nach folgender Beziehung ermittelt: $[\varepsilon\text{-CL}]_0/[BH_4]_0$ x Umsatz$_{\varepsilon\text{-CL}}$ x $M_{\varepsilon\text{-CL}}$.

4.3.2 Polymerisation von Trimethylencarbonat

Der Katalysator (10 µmol) und das Monomer wurden in einer Glovebox in einen Schlenkkolben eingewogen und danach 5 mL Toluol zugegeben. Nach Rühren bei Raumtemperatur für die jeweilige Zeit wurde die Reaktion - wie in 4.3.1. beschrieben - aufgearbeitet. Das entstandene Polymer wurde über ^{1}H-NMR und SEC charakterisiert.

Der Umsatz des Monomers wurde mittels ^{1}H-NMR des Rohproduktes in CDCl$_3$ bestimmt, wobei die Signale der Methylen-Wasserstoffatome (CH$_2$CH$_2$OC(O)) - δ_{TMC} 4.45, δ_{PTMC} 4.23 - integriert wurden und somit den Umsatz als Int.$_{PTMC}$/[Int.$_{PTMC}$ + Int.$_{TMC}$] lieferten. Der Korrekturfaktor für $M_{n,SEC}$ beträgt 0.73 ($M_{n,SEC}$ = $M_{n,SEC\ roh}$ x 0.73).[30e] Zur Bestimmung von $M_{n,NMR}$ wurden die Signale der Methylenprotonen der Kettenenden (HOCH$_2$CH$_2$) bei δ = 3.73 ppm integriert und ins entsprechende Verhältnis zu den Methylenprotonen (CH$_2$CH$_2$OC(O)) der Polymerkette bei δ = 4.23 ppm gesetzt (2 : x). Der erhaltene Wert für die Signale der Protonen der Polymerkette wurde nun durch vier dividiert (vier Protonen entsprechen einer Monomereinheit im Polymermolekül) und mit der molaren Masse des Monomers multipliziert, wobei M(TMC) = 102.09 g/mol. Die theoretische molare Masse M_{theor} wurde nach folgender Beziehung ermittelt: $[TMC]_0/[BH_4]_0$ x Umsatz$_{TMC}$ x M_{TMC}.

4.3.3 Polymerisation von L-Lactid

Hierbei wurden der Katalysator (15 µmol) und das L-Lactid in einer Glovebox in getrennte Schlenkkolben eingewogen und jeweils in der entsprechenden Menge THF gelöst (resultierende Monomerkonzentration in Lösung: 1 mol/L). Danach wurde mithilfe einer Spritze die Monomerlösung zu der Katalysatorlösung gegeben und bei 60°C für die jeweilige Zeit gerührt. Die weitere Aufarbeitung entspricht der Vorgehensweise in 4.3.1. Das entstandene Polymer wurde über ^{1}H-NMR und SEC charakterisiert.

Der Umsatz des Monomers wurde mittels ^{1}H-NMR des Rohproduktes in CDCl$_3$ bestimmt, wobei die Signale des Methin-Wasserstoffatoms (OCHCH$_3$CH$_2$C(O)) - δ_{LA} 5.03, δ_{PLA} 5.15 - integriert wurden und somit den Umsatz als Int.$_{PLA}$/[Int.$_{PLA}$ + Int.$_{LA}$] lieferten. Der Korrekturfaktor für M$_{n,SEC}$ beträgt 0.58 (M$_{n,SEC}$ = M$_{n,SEC\ roh}$ x 0.58).[29f, 77] Die theoretische molare Masse M$_{theor}$ wurde nach folgender Beziehung ermittelt: [Lactid]$_0$/[BH$_4$]$_0$ x Umsatz$_{Lactid}$ x M$_{Lactid}$, wobei M$_{Lactid}$ = 144.13 g/mol.

4.4 Kristallstrukturuntersuchungen

4.4.1 Datensammlung und Verfeinerung

Die Bestimmung der Reflexlagen und -intensitäten erfolgte in der vorliegenden Arbeit mit Hilfe eines *STOE IPDS 2*. Es arbeitet mit einer Mo-Anode (Mo-K$_\alpha$-Strahlung; λ = 0.71073 Å) und nachgeschaltetem Graphitmonochromator. Die zu messenden Kristalle wurden mit Hilfe eines Polarisationsmikroskops unter Mineralöl ausgesucht und mit etwas Öl in einem kalten Stickstoffstrom an einem Glasfaden auf dem Goniometerkopf befestigt.

Die Strukturanalysen gliedern sich in folgende Schritte:

1. Bestimmung der Orientierungsmatrix und der Gitterkonstanten anhand der Orientierungsparameter von 500 - 1000 Reflexen im gesamten Messbereich aus mehreren Aufnahmen.

2. Bestimmung der Reflexintensitäten durch Anpassen der Integrationsbedingungen an das gemittelte Reflexprofil und anschließendes Auslesen aller Aufnahmen.

3. Datenreduktion und Korrekturen durch Lorentz- und Polarisationsfaktorkorrektur.

4. Die Strukturbestimmung wurde mit den Programmen *SHELXS*,[81] *SHELXL*,[82] *WinGX32*[83] und *OLEX2*[84] auf einem *Intel Core 2 Duo* PC durchgeführt. Die Lösung der Kristallstrukturen erfolgte mittels direkter oder Patterson-Methoden und anschließenden Differenzfouriersynthesen; Optimierung der Atomparameter durch Verfeinerung nach der Methode der kleinsten Fehlerquadrate gegen F_0^2 für die gesamte Matrix.

5. Zur Erstellung von Molekülbildern wurde das Programm *Diamond 3.2g* verwendet.[85]

4.4.2 Daten zu den Kristallstrukturanalysen

4.4.2.1 FerrocenylNacacH (1)

Summenformel	$C_{30}H_{34}N_2O_2Fe_2$
Molare Masse / g·mol^{-1}	566.30
Kristallsystem	Orthorhombisch
a / Å	16.2852(7)
b / Å	10.7827(4)
c / Å	29.8771(13)
Zellvolumen / Å^3	5246.4(4)
Messtemperatur / K	150(2)
Raumgruppe	Pbca (Nr. 61)
Z	16
Absorptionskoeffizient, μ / mm^{-1}	1.136
Gemessene Reflexe	17918
Unabhängige Reflexe	5494
R_{int}	0.0748
R1	0.0380
wR2	0.0631
GooF	0.767

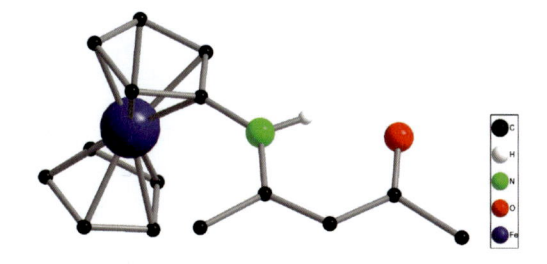

4.4.2.2 [(dipp)₂pyrEu(BH₄)(THF)₃] (2)

Summenformel	$C_{50}H_{82}BN_3O_5Eu$
Molare Masse / g·mol^{-1}	967.93
Kristallsystem	Monoklin
a / Å	15.2887(7)
b / Å	31.5937(14)
c / Å	11.1079(5)
β / °	107.758(4)
Zellvolumen / Å^3	5109.8(4)
Messtemperatur / K	150(2)
Raumgruppe	$P2_1/c$ (Nr. 14)
Z	4
Absorptionskoeffizient, μ / mm^{-1}	1.272
Gemessene Reflexe	69059
Unabhängige Reflexe	10832
R_{int}	0.1089
R1	0.0768
wR2	0.1745
GooF	1.181

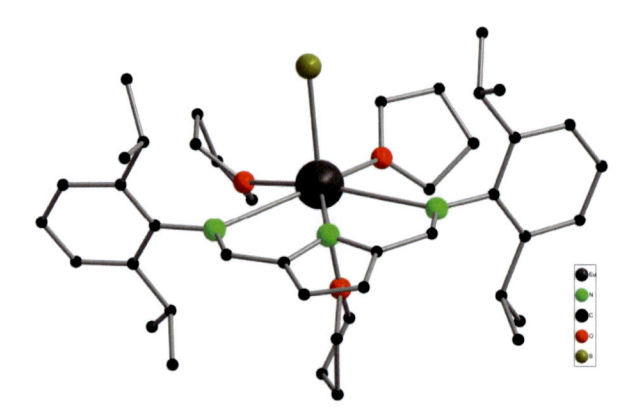

4.4.2.3 [(dipp)$_2$pyrYb(BH$_4$)(THF)$_3$] (3)

Summenformel	C$_{50}$H$_{82}$BN$_3$O$_5$Yb
Molare Masse / g·mol^{-1}	989.04
Kristallsystem	Triklin
a / Å	9.8447(9)
b / Å	15.8225(15)
c / Å	17.3845(14)
α / °	106.749(7)
β / °	98.017(7)
γ / °	91.019(7)
Zellvolumen / Å^3	2562.9(4)
Messtemperatur / K	150(2)
Raumgruppe	$P\bar{1}$ (Nr. 2)
Z	2
Absorptionskoeffizient, μ / mm^{-1}	1.869
Gemessene Reflexe	24080
Unabhängige Reflexe	10850
R_{int}	0.1254
R1	0.0544
wR2	0.1296
GooF	0.887

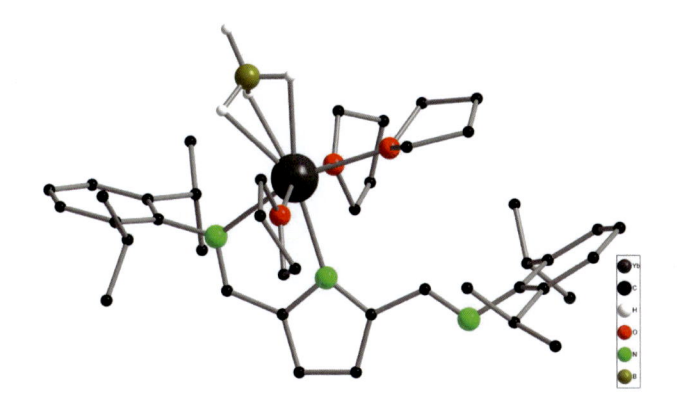

4.4.2.4 [{(dipp)₂pyr}₂Yb(THF)] (4)

Summenformel	$C_{132}H_{176}N_{12}O_3Yb_2$
Molare Masse / g·mol⁻¹	2324.97
Kristallsystem	Monoklin
a / Å	13.6364(7)
b / Å	43.8146(16)
c / Å	13.9382(8)
β / °	110.761(4)
Zellvolumen / Å³	7786.9(7)
Messtemperatur / K	200(2)
Raumgruppe	$P2_1$ (Nr. 4)
Z	2
Absorptionskoeffizient, µ / mm⁻¹	1.236
Gemessene Reflexe	64268
Unabhängige Reflexe	27816
R_{int}	0.1448
$R1$	0.1141
$wR2$	0.2978
GooF	1.028

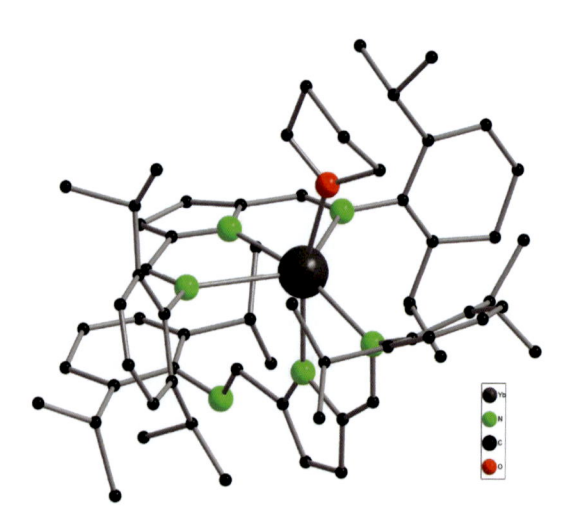

4.4.2.5 [(dipp)$_2$NacNacSm(BH$_4$)(THF)$_2$] (**5**)

Summenformel	C$_{37}$H$_{61}$BN$_2$O$_2$Sm
Molare Masse / g·mol^{-1}	727.06
Kristallsystem	Triklin
a / Å	8.7613(3)
b / Å	12.3483(4)
c / Å	17.8332(5)
α / °	76.521(2)
β / °	84.635(2)
γ / °	85.581(2)
Zellvolumen / Å^3	1864.92(10)
Messtemperatur / K	150(2)
Raumgruppe	$P\bar{1}$ (Nr. 2)
Z	2
Absorptionskoeffizient, μ / mm^{-1}	1.606
Gemessene Reflexe	23996
Unabhängige Reflexe	6937
R_{int}	0.0422
$R1$	0.0462
$wR2$	0.1260
GooF	1.035

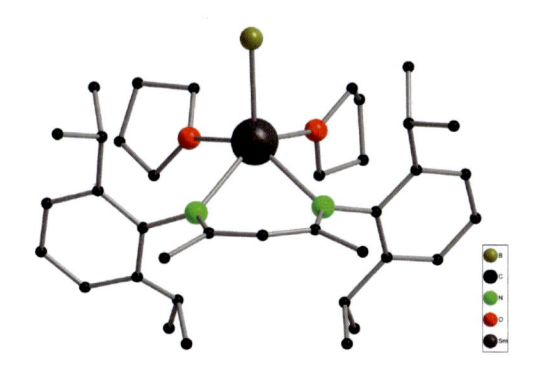

4.4.2.6 [(dipp)₂NacNacEu(BH₄)(THF)₂] (6)

Summenformel	$C_{37}H_{61}BN_2O_2Eu$
Molare Masse / g·mol^{-1}	728.67
Kristallsystem	Triklin
a / Å	8.8485(5)
b / Å	12.4634(7)
c / Å	17.8494(11)
α / °	76.235(5)
β / °	84.658(5)
γ / °	85.566(5)
Zellvolumen / Å³	1900.54(20)
Messtemperatur / K	200(2)
Raumgruppe	$P\bar{1}$ (Nr. 2)
Z	2
Absorptionskoeffizient, µ / mm^{-1}	1.680
Gemessene Reflexe	12721
Unabhängige Reflexe	6463
R_{int}	0.0640
R1	0.0449
wR2	0.1025
GooF	0.924

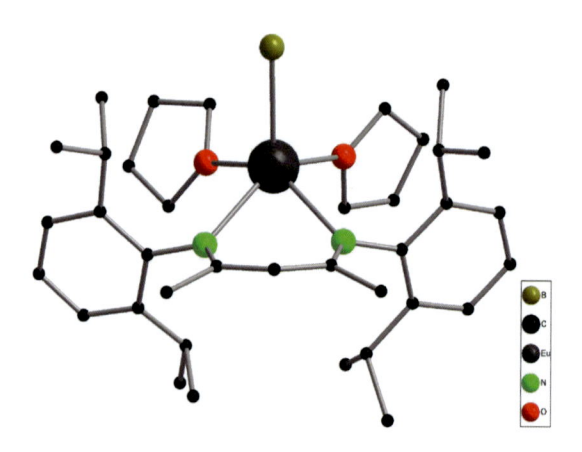

4.4.2.7 [(dipp)$_2$NacNacYb(BH$_4$)(THF)$_2$] (**7**)

Summenformel	C$_{37}$H$_{61}$BN$_2$O$_2$Yb
Molare Masse / g·mol^{-1}	749.74
Kristallsystem	Triklin
a / Å	8.7800(3)
b / Å	12.3442(4)
c / Å	17.6886(5)
α / °	75.771(3)
β / °	84.403(3)
γ / °	85.904(3)
Zellvolumen / Å^3	1847.22(10)
Messtemperatur / K	150(2)
Raumgruppe	$P\bar{1}$ (Nr. 2)
Z	2
Absorptionskoeffizient, µ / mm^{-1}	2.563
Gemessene Reflexe	22654
Unabhängige Reflexe	6703
R_{int}	0.0789
R1	0.0406
wR2	0.1177
GooF	1.218

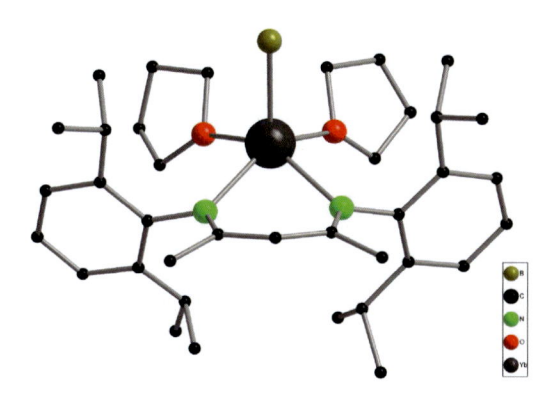

4.4.2.8 [(dipp)₂NacNacSc(BH₄)₂(THF)] (8)

Summenformel	$C_{33}H_{57}B_2N_2OSc$
Molare Masse / g·mol^{-1}	564.40
Kristallsystem	Triklin
a / Å	10.3710(12)
b / Å	12.7653(13)
c / Å	16.7374(17)
α / °	78.818(8)
β / °	77.406(9)
γ / °	73.426(9)
Zellvolumen / Å³	2052.0(4)
Messtemperatur / K	200(2)
Raumgruppe	$P\bar{1}$ (Nr. 2)
Z	2
Absorptionskoeffizient, μ / mm^{-1}	0.200
Gemessene Reflexe	24897
Unabhängige Reflexe	10907
R_{int}	0.1087
R1	0.1219
wR2	0.3405
GooF	1.032

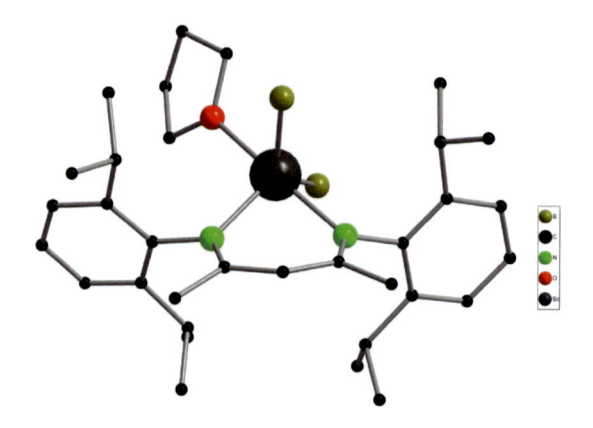

4.4.2.9 [(dipp)$_2$NacNacSm(BH$_4$)$_2$(THF)] (9)

Summenformel	C$_{66}$H$_{114}$B$_4$N$_4$O$_2$Sm$_2$
Molare Masse / g·mol^{-1}	1339.56
Kristallsystem	Monoklin
a / Å	30.5786(10)
b / Å	10.4452(4)
c / Å	23.6415(8)
β / °	110.194(3)
Zellvolumen / Å^3	7086.9(4)
Messtemperatur / K	150(2)
Raumgruppe	$P2_1/c$ (Nr. 14)
Z	8
Absorptionskoeffizient, µ / mm^{-1}	1.682
Gemessene Reflexe	60353
Unabhängige Reflexe	13353
R_{int}	0.0401
R1	0.0222
wR2	0.0482
GooF	1.031

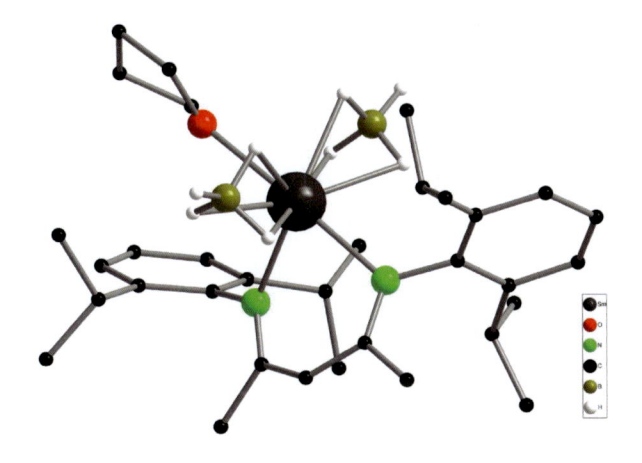

4.4.2.10 [(dipp)₂NacNacDy(BH₄)₂(THF)] (10)

Summenformel	$C_{66}H_{114}B_4N_4O_2Dy_2$
Molare Masse / g·mol^{-1}	1363.85
Kristallsystem	Monoklin
a / Å	30.5057(11)
b / Å	10.4522(3)
c / Å	23.6859(8)
β / °	109.867(3)
Zellvolumen / Å³	7102.8(4)
Messtemperatur / K	200(2)
Raumgruppe	$P2_1/c$ (Nr. 14)
Z	8
Absorptionskoeffizient, µ / mm^{-1}	2.128
Gemessene Reflexe	53007
Unabhängige Reflexe	15086
R_{int}	0.1020
$R1$	0.0944
w$R2$	0.2568
GooF	1.039

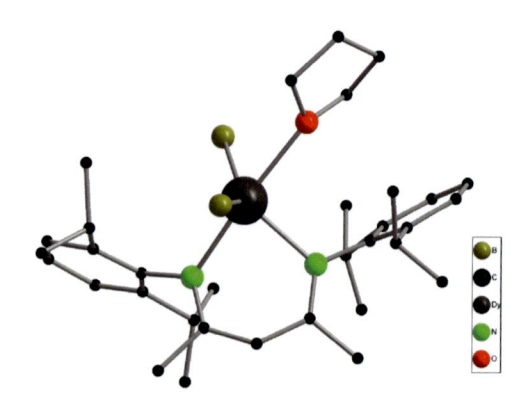

4.4.2.11 [(dipp)$_2$NacNacYb(BH$_4$)$_2$(THF)] (11)

Summenformel	C$_{66}$H$_{114}$B$_4$N$_4$O$_2$Yb$_2$
Molare Masse / g·mol^{-1}	1384.96
Kristallsystem	Monoklin
a / Å	30.4451(9)
b / Å	10.4128(3)
c / Å	23.6196(7)
β / °	109.663(2)
Zellvolumen / Å^3	7051.2(4)
Messtemperatur / K	173(2)
Raumgruppe	$P2_1/c$ (Nr. 14)
Z	8
Absorptionskoeffizient, μ / mm^{-1}	2.677
Gemessene Reflexe	46519
Unabhängige Reflexe	13018
R_{int}	0.0634
R1	0.0328
wR2	0.0744
GooF	0.914

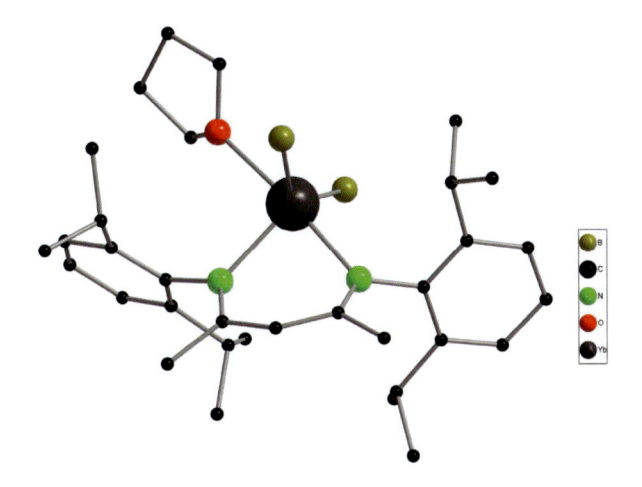

4.4.2.12 [(dipp)₂NacNacLu(BH₄)(OH)] (12)

Summenformel	$C_{31}H_{50}BN_2O_{1.5}Lu$
Molare Masse / g·mol^{-1}	660.52
Kristallsystem	Monoklin
a / Å	13.7660(7)
b / Å	13.8534(7)
c / Å	17.9110(9)
β / °	102.080(4)
Zellvolumen / Å³	3340.1(3)
Messtemperatur / K	150(2)
Raumgruppe	$P2_1/c$ (Nr. 14)
Z	2
Absorptionskoeffizient, μ / mm^{-1}	2.973
Gemessene Reflexe	39646
Unabhängige Reflexe	7093
R_{int}	0.0851
R1	0.0343
wR2	0.0983
GooF	1.070

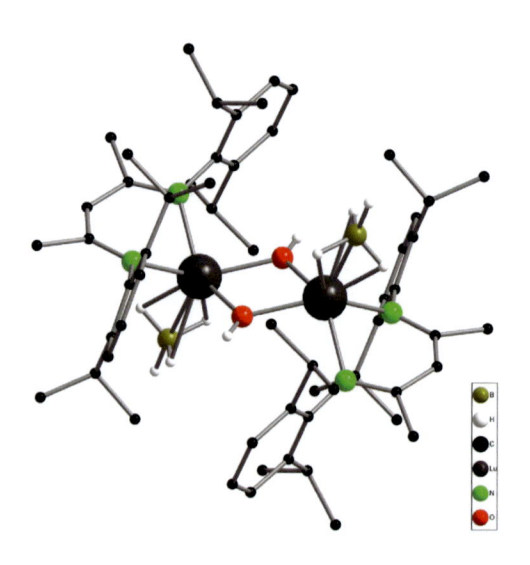

4.4.2.13 [{(Me$_3$SiNPPh$_2$)(SPPh$_2$)CH}Yb(BH$_4$)(THF)$_2$] (13)

Summenformel	C$_{36}$H$_{50}$BNO$_2$P$_2$SSiYb
Molare Masse / g·mol^{-1}	834.71
Kristallsystem	Triklin
a / Å	9.7136(4)
b / Å	13.3724(6)
c / Å	15.3575(7)
α / °	91.806(4)
β / °	103.465(3)
γ / °	97.606(3)
Zellvolumen / Å^3	1918.92(15)
Messtemperatur / K	173(2)
Raumgruppe	$P\bar{1}$ (Nr. 2)
Z	2
Absorptionskoeffizient, μ / mm^{-1}	2.637
Gemessene Reflexe	16883
Unabhängige Reflexe	6739
R_{int}	0.0439
R1	0.0345
wR2	0.0912
GooF	1.042

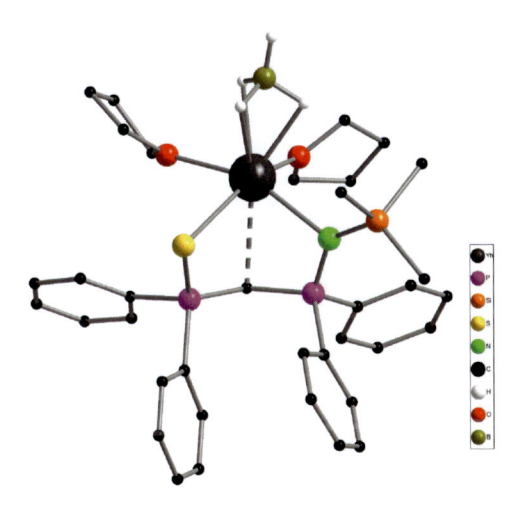

4.4.2.14 [{(Me$_3$SiNPPh$_2$)(SPPh$_2$)CH}Y(BH$_4$)$_2$(THF)] (14)

Summenformel	C$_{36}$H$_{54}$B$_2$NO$_2$P$_2$SSiY
Molare Masse / g·mol^{-1}	765.42
Kristallsystem	Monoklin
a / Å	9.8431(7)
b / Å	11.4251(6)
c / Å	36.050(3)
β / °	97.483(6)
Zellvolumen / Å^3	4019.6(5)
Messtemperatur / K	150(2)
Raumgruppe	$P2_1/n$ (Nr. 14)
Z	4
Absorptionskoeffizient, μ / mm^{-1}	1.643
Gemessene Reflexe	15186
Unabhängige Reflexe	8503
R_{int}	0.1139
R1	0.0527
wR2	0.0832
GooF	0.908

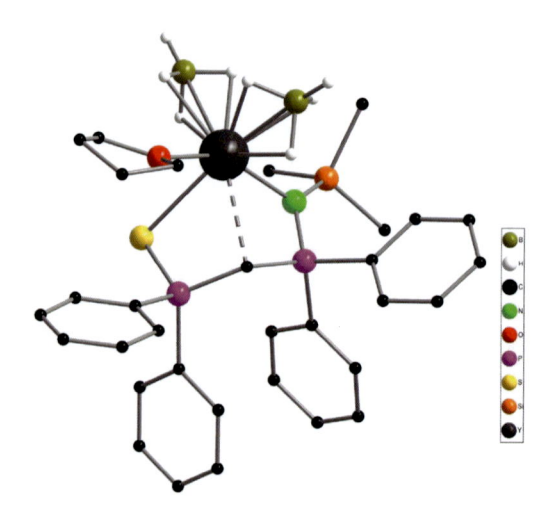

4.4.2.15 [{(Me$_3$SiNPPh$_2$)(SPPh$_2$)CH}Sm(BH$_4$)$_2$(THF)] (15)

Summenformel	C$_{32}$H$_{46}$B$_2$NOP$_2$SSiSm
Molare Masse / g·mol^{-1}	754.79
Kristallsystem	Triklin
a / Å	12.8630(5)
b / Å	14.1648(5)
c / Å	15.3321(6)
α / °	107.559(3)
β / °	106.975(3)
γ / °	96.833(3)
Zellvolumen / Å^3	2480.8(2)
Messtemperatur / K	150(2)
Raumgruppe	$P\bar{1}$ (Nr. 2)
Z	2
Absorptionskoeffizient, μ / mm^{-1}	1.332
Gemessene Reflexe	20469
Unabhängige Reflexe	9205
R_{int}	0.0643
R1	0.0441
wR2	0.1159
GooF	0.994

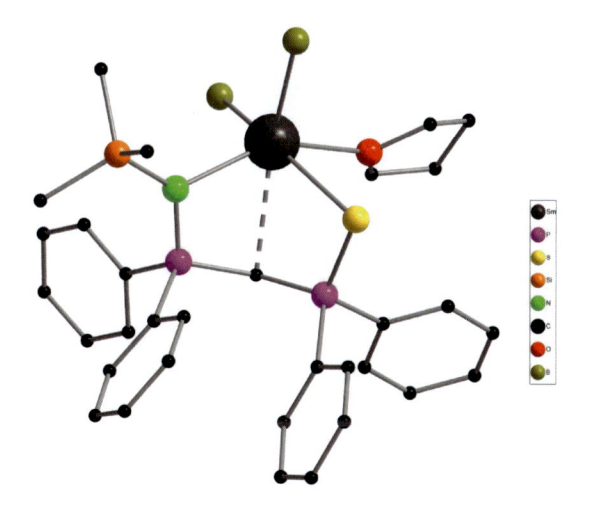

4.4.2.16 [{(Me₃SiNPPh₂)(SPPh₂)CH}Tb(BH₄)₂(THF)] (16)

Summenformel	$C_{36}H_{54}B_2NO_2P_2SSiTb$
Molare Masse / g·mol^{-1}	835.46
Kristallsystem	Monoklin
a / Å	9.8382(4)
b / Å	11.4086(4)
c / Å	36.1566(15)
β / °	97.661(3)
Zellvolumen / Å^3	4022.0(3)
Messtemperatur / K	150(2)
Raumgruppe	$P2_1/n$ (Nr. 14)
Z	4
Absorptionskoeffizient, µ / mm^{-1}	1.950
Gemessene Reflexe	27349
Unabhängige Reflexe	7459
R_{int}	0.1433
R1	0.0612
wR2	0.1376
GooF	0.944

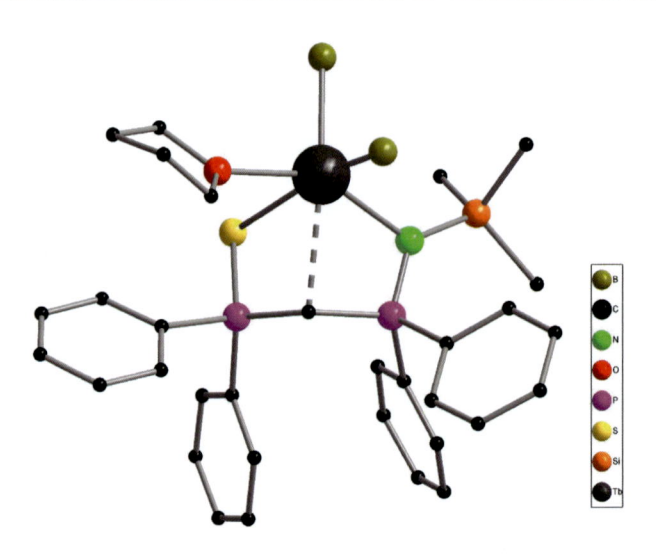

4.4.2.17 [{(Me$_3$SiNPPh$_2$)(SPPh$_2$)CH}Dy(BH$_4$)$_2$(THF)] (**17**)

Summenformel	C$_{36}$H$_{54}$B$_2$NO$_2$P$_2$SSiDy
Molare Masse / g·mol^{-1}	839.04
Kristallsystem	Monoklin
a / Å	9.8348(7)
b / Å	11.4038(6)
c / Å	36.103(3)
β / °	97.516(6)
Zellvolumen / Å^3	4014.4(5)
Messtemperatur / K	150(2)
Raumgruppe	P2$_1$/n (Nr. 14)
Z	4
Absorptionskoeffizient, µ / mm^{-1}	2.053
Gemessene Reflexe	32716
Unabhängige Reflexe	8447
R$_{int}$	0.1512
R1	0.0664
wR2	0.1540
GooF	0.996

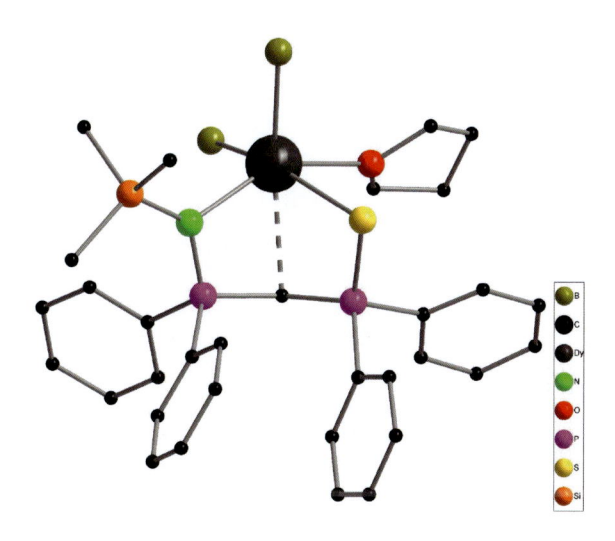

4.4.2.18 [{(Me₃SiNPPh₂)(SPPh₂)CH}Er(BH₄)₂(THF)] (18)

Summenformel	$C_{36}H_{54}B_2NO_2P_2SSiEr$
Molare Masse / g·mol^{-1}	843.77
Kristallsystem	Monoklin
a / Å	9.8348(3)
b / Å	11.4236(3)
c / Å	36.0098(10)
β / °	97.212(2)
Zellvolumen / Å^3	4013.64(18)
Messtemperatur / K	150(2)
Raumgruppe	$P2_1/n$ (Nr. 14)
Z	4
Absorptionskoeffizient, μ / mm^{-1}	2.283
Gemessene Reflexe	36768
Unabhängige Reflexe	10832
R_{int}	0.1001
$R1$	0.0661
w$R2$	0.1815
GooF	1.010

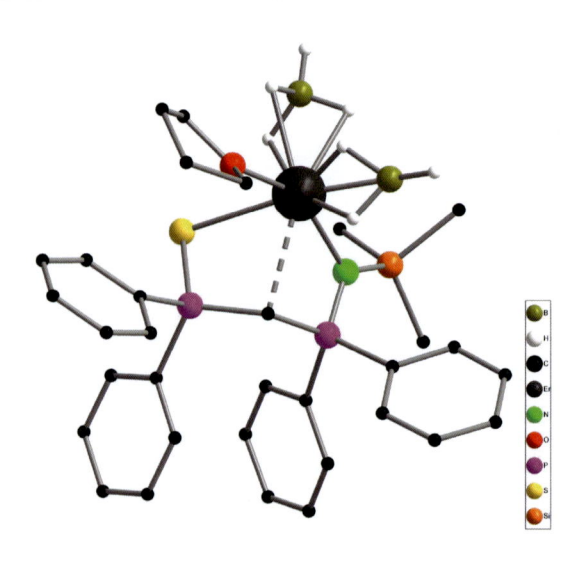

4.4.2.19 [{(Me$_3$SiNPPh$_2$)(SPPh$_2$)CH}Yb(BH$_4$)$_2$(THF)] (19)

Summenformel	C$_{36}$H$_{54}$B$_2$NO$_2$P$_2$SSiYb
Molare Masse / g·mol^{-1}	849.55
Kristallsystem	Monoklin
a / Å	9.8319(2)
b / Å	11.5940(3)
c / Å	35.9470(9)
β / °	97.227(2)
Zellvolumen / Å^3	4065.08(17)
Messtemperatur / K	200(2)
Raumgruppe	P2$_1$/n (Nr. 14)
Z	4
Absorptionskoeffizient, μ / mm^{-1}	2.490
Gemessene Reflexe	24215
Unabhängige Reflexe	7540
R$_{int}$	0.0502
R1	0.0285
wR2	0.0646
GooF	0.922

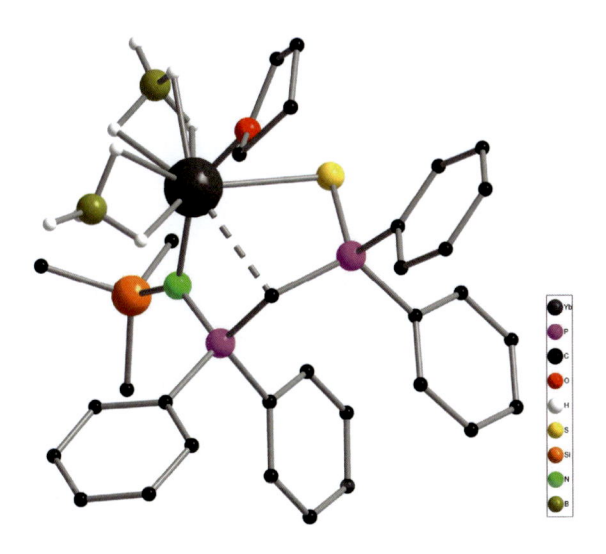

4.4.2.20 [{(Me₃SiNPPh₂)(SPPh₂)CH}Lu(BH₄)₂(THF)] (20)

Summenformel	$C_{36}H_{54}B_2NO_2P_2SSiLu$
Molare Masse / g·mol^{-1}	851.51
Kristallsystem	Monoklin
a / Å	9.7913(4)
b / Å	11.4667(4)
c / Å	35.8275(19)
β / °	97.003(4)
Zellvolumen / Å^3	3992.5(3)
Messtemperatur / K	150(2)
Raumgruppe	$P2_1/n$ (Nr. 14)
Z	4
Absorptionskoeffizient, µ / mm^{-1}	2.665
Gemessene Reflexe	31573
Unabhängige Reflexe	8389
R_{int}	0.1301
R1	0.0667
wR2	0.1527
GooF	1.015

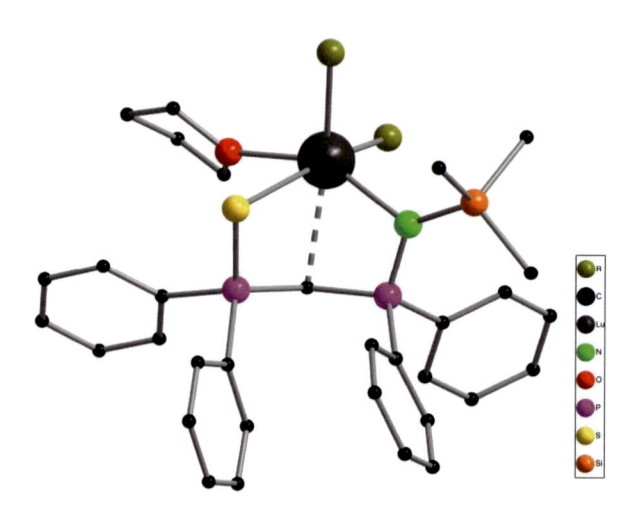

5 Zusammenfassung/Summary

5.1 Zusammenfassung

Borhydridverbindungen der Seltenerdmetalle sind schon seit einiger Zeit Gegenstand großen Interesses in der aktuellen Forschung, insbesondere durch ihre Anwendung als Katalysatoren bei der Polymerisation von polaren Monomeren. Aufgrund dessen sollten in dieser Arbeit neuartige Borhydridkomplexe dargestellt, charakterisiert und auf mögliche Anwendungen als Polymerisationskatalysatoren untersucht werden.
Es wurden drei bereits literaturbekannte Ligandensysteme mit unterschiedlichen Donoreigenschaften und verschiedenem sterischem Anspruch ausgewählt (Schema 1).

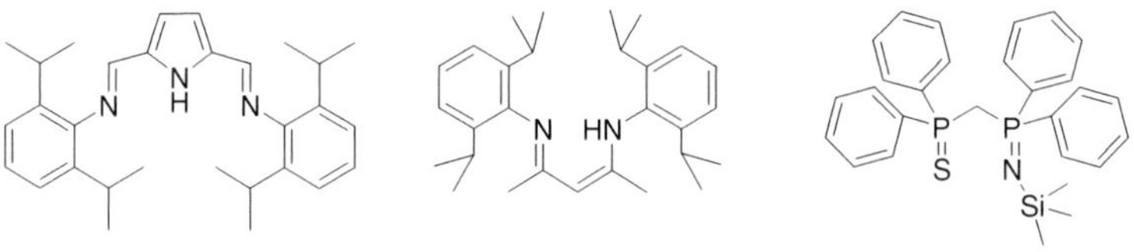

(dipp)$_2$pyrH   (dipp)$_2$NacNacH   {(Me$_3$SiNPPh$_2$)(SPPh$_2$)CH$_2$}

Schema 1: In dieser Arbeit verwendete Ligandensysteme.

Die Liganden wurden zuerst in der Neutralform dargestellt und anschließend mit KH zum jeweiligen Kaliumsalz deprotoniert.
Der zentrale Syntheseschritt für alle neuartigen Seltenerdmetall-Borhydridkomplexe lag in einer Salzmetathesereaktion zwischen dem Kaliumsalz des jeweiligen Ligandensystems und dem entsprechenden homoleptischen Seltenerdmetall-Borhydrid. Unter Abspaltung von Kalium-Borhydrid wurden so die gewünschten Zielkomplexe erhalten (Schema 3).

[LigK] + [Ln(BH$_4$)$_a$(THF)$_b$] $\xrightarrow[-\text{KBH}_4]{\text{THF}}$ [LigLn(BH$_4$)$_x$(THF)$_y$]

a = 2, 3   x = 1, 2

Lig = Ligand   Ln = Sc, Y, Sm, Eu, Tb, Dy, Er, Yb, Lu

Schema 2: Allgemeine Darstellung der Salzmetathesereaktion.

Nach dieser Vorgehensweise konnte unter anderem Verbindung **13** erhalten werden (Schema 3), bei der in einer zweidimensionalen ^{31}P/^{171}Yb-HMQC-NMR-Messung das genaue Kopplungsmuster zwischen dem Ytterbiumatom und den Phosphoratomen aufgeklärt werden konnte.

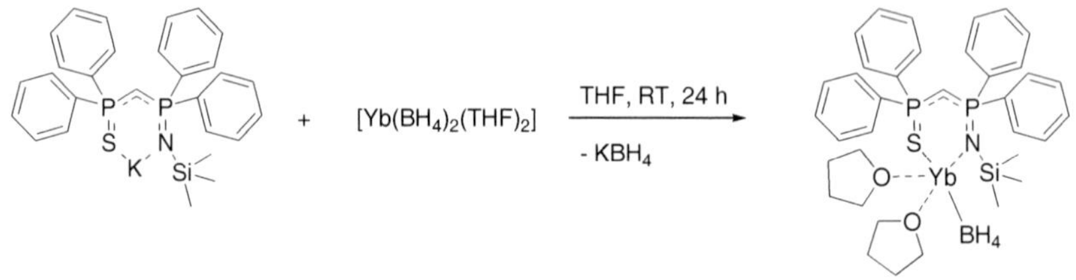

Schema 3: Zentraler Syntheseschritt bei der Darstellung von **13**.

Die Salzmetathese, welche in Schema 3 dargestellt ist, ist exemplarisch für die Synthese aller Verbindungen. Der Fokus lag zunächst auf der Synthese der zweiwertigen Borhydridkomplexe des Samariums, des Europiums und des Ytterbiums. So konnten unter Verwendung des tridentaten Pyrrolyl-Liganden die divalenten Borhydridkomplexe des Europiums **3** und des Ytterbiums **4** erfolgreich dargestellt und charakterisiert werden. Mit dem bidentaten (dipp)$_2$NacNac-System gelang die Darstellung und Charakterisierung der divalenten Borhydridkomplexe des Samariums **5**, des Europiums **6** und des Ytterbiums **7**. Mithilfe des (SP)-(NP)-Liganden konnte der der divalente Komplex des Ytterbiums **13** dargestellt und charakterisiert werden.

Die Kenntnisse von der Darstellung und Charakterisierung der zweiwertigen Komplexe sollten nun auf die Synthese der dreiwertigen Analoga übertragen werden. Auf diese Weise sollte eine repräsentative Reihe an trivalenten Seltenerdmetall-Borhydridkomplexen des (dipp)$_2$NacNac- und des (SP)-(NP)-Liganden dargestellt und charakterisiert werden. Unter Verwendung des (dipp)$_2$NacNac-Liganden konnten die trivalenten Borhydridverbindungen des Scandiums **8**, des Samariums **9**, des Dysprosiums **10** und des Ytterbiums **11** dargestellt und charakterisiert werden. Die Umsetzungen mit dem Kaliumsalz des (SP)-(NP)-Liganden lieferten die Komplexe des Yttriums **14**, des Samariums **15**, des Terbiums **16**, des Dysprosiums **17**, des Erbiums **18**, des Ytterbiums **19** und des Lutetiums **20**.

Nach erfolgreicher Synthese der neuartigen Seltenerdmetall-Borhydridkomplexe **3** - **20** sollten diese in kristalliner Form reproduziert und auf ihr katalytisches Potenzial bei Polymerisationsreaktionen untersucht werden. Dazu wurden alle Borhydridverbindungen bis auf **4**, **5** und **12** wie oben beschrieben als kristalline Feststoffe dargestellt und an der Université de Rennes I in der Arbeitsgruppe von *Sophie Guillaume* im Rahmen eines dreimonatigen Forschungsaufenthaltes untersucht. Es wurden Polymerisationsreaktionen mit den Monomeren ε-Caprolacton, Trimethylencarbonat und *L*-Lactid durchgeführt, wobei der Fokus auf der Polymerisation von CL lag.

Es stellte sich heraus, dass alle getesteten Seltenerdmetallkomplexe in der Lage waren, CL bei Raumtemperatur bereits nach wenigen Minuten quantitativ zu polymerisieren. Es wurden Monomerbeladungen von bis zu 2000 Äquivalenten pro katalytisch aktivem Zentrum untersucht, wobei Molmassen von bis zu 139.000 g/mol erhalten wurden. Die Polydispersitäten lagen im erwarteten Bereich (1.11 - 1.85) für die Seltenerdmetall-Borhydrid-katalysierte Polymerisation von CL. Die erreichten Molmassen waren vergleichsweise hoch und bestätigten die hohe Aktivität dieser Katalysatorsysteme. Es konnte der Beweis für den lebenden Charakter der Polymerisationen von CL erbracht werden durch die Doppeladdition des Monomers.

Aufgrund der hohen Aktivität aller Verbindungen war es nicht möglich, die Effekte des Ligandensystems auf die Reaktivität genauer zu untersuchen - auch nicht hinsichtlich der Kontrolle der Polymerisationen.

Bei den Polymerisationen von TMC konnten Polymere mit einer Molmasse von bis zu 16.000 g/mol erhalten werden, allerdings benötigten die Reaktionen bei Raumtemperatur eine deutlich höhere Reaktionszeit für einen quantitativen Umsatz als bei der Polymerisation von CL. Es wurden Monomerbeladungen von bis zu 250 Äquivalenten pro katalytisch aktivem Zentrum untersucht und auch hier bewegten sich die erhaltenen Werte für die Polydispersität im erwarteten Bereich. Es waren keinerlei ligandenspezifische Reaktivitätsunterschiede und kein eindeutiger Einfluss der Größe des Zentralmetalls auf die Reaktivität bzw. auf die Reaktionskontrolle zu erkennen.

Im Gegensatz zu CL und TMC ließ sich LLA nicht bei Raumtemperatur polymerisieren, sondern benötigte mit 60°C etwas „drastischere" Bedingungen. Da lediglich zwei Borhydridverbindungen eingesetzt wurden (**9** und **15**), war die Aussagekraft begrenzt. Die gebildeten Polymere waren erwartungsgemäß isotaktisch. Bei Monomerbeladungen bis zu 500 Äquivalenten konnten Molmassen von bis zu 13.000 g/mol erhalten werden.

5.2 Summary

Since borohydride compounds of the rare-earth metals have attracted great interest in the current research for the last few years, especially through their use as catalysts in the polymerization of polar monomers, novel borohydride complexes should be synthesized, characterized and tested for possible applications as catalysts for the polymerization. Therefore, three literature-known ligand systems with different donor properties and different steric demands have been selected for the synthesis of the desired compounds (Scheme 1).

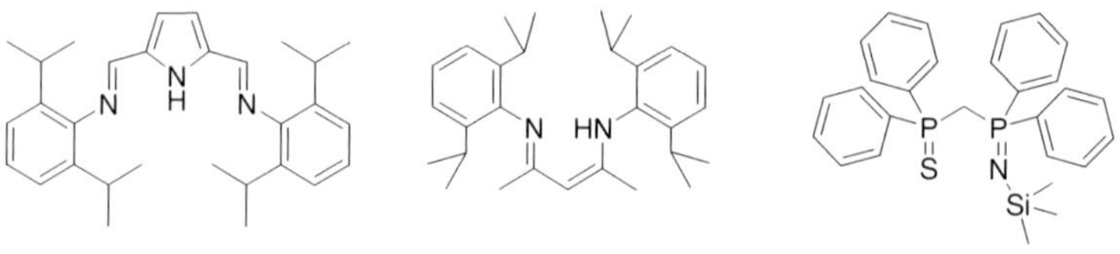

(dipp)$_2$pyrH   (dipp)$_2$NacNacH   {(Me$_3$SiNPPh$_2$)(SPPh$_2$)CH$_2$}

Scheme 1: Ligand-systems used in this work.

The ligands were first synthesized in the neutral form and then deprotonated with KH to produce the potassium salt.

The key-step of the synthesis for all novel borohydride complexes was a salt metathesis reaction between the potassium salt of the corresponding ligand system and the corresponding homoleptic rare-earth-borohydride. The target complexes were obtained after elimination of potassium borohydride (Scheme 3).

Zusammenfassung/Summary

$$[\text{LigK}] + [\text{Ln}(BH_4)_a(THF)_b] \xrightarrow[-\text{KBH}_4]{\text{THF}} [\text{LigLn}(BH_4)_x(THF)_y]$$

a = 2, 3   x = 1, 2

Lig = Ligand   Ln = Sc, Y, Sm, Eu, Tb, Dy, Er, Yb, Lu

Scheme 2: General representation of the salt metathesis reaction.

According to this approach compound **13** was obtained among others (Scheme 3). In a two-dimensional $^{31}P/^{171}Yb$-HMQC-NMR-experiment the coupling pattern between the ytterbium atom and the phosphorus atoms could be elucidated precisely.

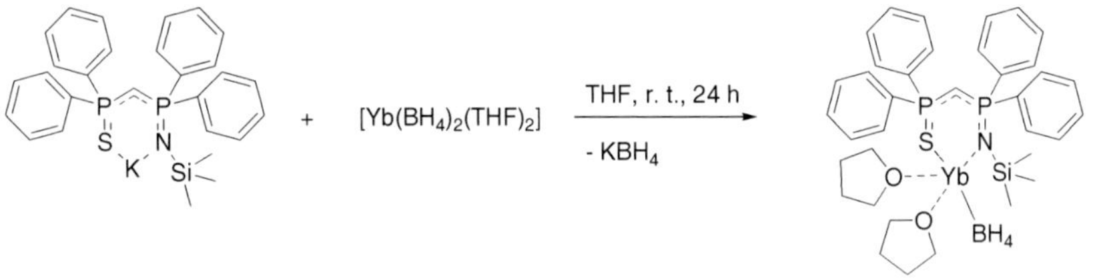

Scheme 3: Key step for the synthesis of **13**.

The metathesis reaction shown in Scheme 3 is an example for the synthesis of all compounds. The focus was initially on the synthesis of the divalent complexes of samarium, europium, and ytterbium. Thus, using the tridentate pyrrolyl ligand, the divalent borohydride complexes of europium **3** and ytterbium **4** could be successfully synthesized and characterized. With the bidentate (dipp)$_2$NacNac-system it was possible to prepare and characterize the divalent borohydride compounds of samarium **5**, europium **6** and ytterbium **7**. Only the divalent ytterbium complex **13** was accessible by using the (SP)-(NP)-ligand.

The knowledge of synthesis and characterization of the divalent complexes has been applied for the synthesis of the trivalent analogues as well. In this manner, a number of trivalent rare-earth-borohydride complexes representing the different ionic sizes of the rare-earth-metals featuring the (dipp)$_2$NacNac- and the (SP)-(NP)-ligand have been synthesized and characterized. By using the (dipp)$_2$NacNac-system, the trivalent borohydride compounds of scandium **8**, samarium **9**, dysprosium **10** and ytterbium **11** have successfully been prepared and characterized. The reactions of the appropriate homoleptic tris-borohydride with the potassium salt of the (SP)-(NP)-ligand provided the complexes of yttrium **14**, samarium **15**, terbium **16**, dysprosium **17**, erbium **18**, ytterbium **19** and lutetium **20**.

The novel rare-earth-borohydride complexes **3 - 20** except compounds **4, 5** and **12** have been reproduced in a crystalline form and their catalytic potential for polymer reactions has been investigated in the laboratory of *Sophie Guillaume* (Université de Rennes I) within the scope of a research sojourn abroad for three months. Here polymerization reactions were carried out with the monomers ε-caprolactone (CL), trimethylene carbonate (TMC) and *L*-lactide (LLA), wherein the focus has been on the polymerization of CL.

All tested rare-earth-complexes were able to polymerize CL at room temperature quantitatively within a few minutes. Monomer loadings up to 2000 equivalents per catalytically active center were run and led to molecular weights of up to 139.000 g/mol. The polydispersities were within the expected range (1.11 - 1.85) for the rare-earth-borohydride-catalyzed polymerization of CL. The molecular weights obtained were relatively high which was confirming the high activity of these catalyst systems. The living character of the polymerization reactions of CL catalyzed by rare-earth-borohydride complexes could be proven through a double monomer addition experiment. Due to the high activity of all the compounds, it was not possible to further investigate the effects of the ligand system on the reactivity or on the control of the polymerizations.

In the polymerizations of TMC the polymers with a molecular weight of up to 16.000 g/mol were obtained, but significantly higher reaction times were required for a quantitative conversion at room temperature. The monomer loadings were up to 250 equivalents per catalytically active center and the values obtained for the polydispersity were moving in the expected range. Neither ligand-specific differences in reactivity nor a clear influence of the size of the central metal on the reactivity and the reaction control could be observed.

Unlike CL and TMC, LLA could not be polymerized at room temperature; but under more "drastically" conditions at 60°C the reactions succeeded. Since only two borohydride compounds were employed (**9** and **15**), the validity has been limited. The resulting polymers were isotactic as expected. With monomer loadings up to 500 equivalents, molecular weights up to 13.000 g/mol were obtained.

6 Literatur

[1] A. F. Hollemann, E. Wiberg, *Lehrbuch der Anorganischen Chemie*, Walter de Gruyter, Berlin, New York, **1995**.

[2] S. Cotton, *Lanthanide and Actinide Chemistry*, John Wiley & Sons, West Sussex, **2006**.

[3] R. Shannon, *Acta Crystallogr. Sect. A* **1976**, *32*, 751.

[4] N. Kaltsoyannis, P. Scott, *The f elements*, Oxford University Press, Oxford, **1999**.

[5] a) H. G. Friedman, G. R. Choppin, D. G. Feuerbacher, *J. Chem. Educ.* **1964**, *41*, 354; b) C. Becker, *J. Chem. Educ.* **1964**, *41*, 358.

[6] R. G. Pearson, *J. Am. Chem. Soc.* **1963**, *85*, 3533.

[7] H. Schumann, J. A. Meese-Marktscheffel, L. Esser, *Chem. Rev.* **1995**, *95*, 865.

[8] a) F. T. Edelmann, *Chem. Soc. Rev.* **2009**, *38*, 2253; b) F. T. Edelmann, *Coord. Chem. Rev.* **1994**, *137*, 403.

[9] a) T. E. Müller, K. C. Hultzsch, M. Yus, F. Foubelo, M. Tada, *Chem. Rev.* **2008**, *108*, 3795; b) S. Hong, T. J. Marks, *Acc. Chem. Res.* **2004**, *37*, 673; c) P. W. Roesky, T. E. Müller, *Angew. Chem.* **2003**, *115*, 2812; d) F. Pohlki, S. Doye, *Chem. Soc. Rev.* **2003**, *32*, 104.

[10] a) B. Marciniec, H. Maciejewski, C. Pietraszuk, P. Pawluc, *Hydrosilylation. A Comprehensive Review on Recent Advances*, Springer, **2009**; b) M. Rastätter, A. Zulys, P. W. Roesky, *Chem. Eur. J.* **2007**, *13*, 3606; c) P.-F. Fu, L. Brard, Y. Li, T. J. Marks, *J. Am. Chem. Soc.* **1995**, *117*, 7157.

[11] K. N. Harrison, T. J. Marks, *J. Am. Chem. Soc.* **1992**, *114*, 9220.

[12] M. R. Douglass, T. J. Marks, *J. Am. Chem. Soc.* **2000**, *122*, 1824.

[13] X. Yu, S. Seo, T. J. Marks, *J. Am. Chem. Soc.* **2007**, *129*, 7244.

[14] A. Z. Voskoboynikov, I. P. Beletskaya, *New J. Chem.* **1995**, *19*, 723.

[15] G. A. Molander, J. O. Hoberg, *J. Org. Chem.* **1992**, *57*, 3266.

[16] a) M. Visseaux, F. Bonnet, *Coord. Chem. Rev.* **2011**, *255*, 374; b) J. Gromada, J.-F. Carpentier, A. Mortreux, *Coord. Chem. Rev.* **2004**, *248*, 397; c) Z. Hou, Y. Wakatsuki, *Coord. Chem. Rev.* **2002**, *231*, 1.

[17] J. Jenter, Peter W. Roesky, N. Ajellal, Sophie M. Guillaume, N. Susperregui, L. Maron, *Chem. Eur. J.* **2010**, *16*, 4629.

[18] a) T. K. Panda, A. Zulys, M. T. Gamer, P. W. Roesky, *Organometallics* **2005**, *24*, 2197; b) M. T. Gamer, M. Rastätter, P. W. Roesky, A. Steffens, M. Glanz, *Chem. Eur. J.* **2005**, *11*, 3165.

[19] a) S. Tobisch, *J. Am. Chem. Soc.* **2005**, *127*, 11979; b) S. Hong, A. M. Kawaoka, T. J. Marks, *J. Am. Chem. Soc.* **2003**, *125*, 15878.

[20] a) D. V. Vitanova, F. Hampel, K. C. Hultzsch, *J. Organomet. Chem.* **2011**, *696*, 321; b) E. Lu, W. Gan, Y. Chen, *Organometallics* **2009**, *28*, 2318; c) F. Lauterwasser, P. G. Hayes, S. Bräse, W. E. Piers, L. L. Schafer, *Organometallics* **2004**, *23*, 2234.

[21] S. Hong, S. Tian, M. V. Metz, T. J. Marks, *J. Am. Chem. Soc.* **2003**, *125*, 14768.

[22] a) S. Datta, M. T. Gamer, P. W. Roesky, *Organometallics* **2008**, *27*, 1207; b) N. Meyer, A. Zulys, P. W. Roesky, *Organometallics* **2006**, *25*, 4179.

[23] H. Kim, T. Livinghouse, J. H. Shim, S. G. Lee, P. H. Lee, *Adv. Synth. Catal.* **2006**, *348*, 701.

[24] K. C. Hultzsch, *Org. Biomol. Chem.* **2005**, *3*, 1819.

[25] a) G. Zi, *Dalton Trans.* **2009**, 9101; b) D. V. Gribkov, K. C. Hultzsch, F. Hampel, *J. Am. Chem. Soc.* **2006**, *128*, 3748.

[26] a) J. Hannedouche, J. Collin, A. Trifonov, E. Schulz, *J. Organomet. Chem.* **2011**, *696*, 255; b) I. Aillaud, C. Olier, Y. Chapurina, J. Collin, E. Schulz, R. Guillot, J. Hannedouche, A. Trifonov, *Organometallics* **2011**, *30*, 3378.

[27] M. Ephritikhine, *Chem. Rev.* **1997**, *97*, 2193.

[28] a) J. Zhang, J. Qiu, Y. Yao, Y. Zhang, Y. Wang, Q. Shen, *Organometallics* **2012**, *31*, 3138; b) Y. Wang, Y. Luo, J. Chen, H. Xue, H. Liang, *New J. Chem.* **2012**, *36*, 933; c) W. Li, Z. Zhang, Y. Yao, Y. Zhang, Q. Shen, *Organometallics* **2012**, *31*, 3499; d) M. Sinenkov, E. Kirillov, T. Roisnel, G. Fukin, A. Trifonov, J.-F. Carpentier, *Organometallics* **2011**, *30*, 5509; e) Y. Luo, P. Xu, Y. Lei, Y. Zhang, Y. Wang, *Inorg. Chim. Acta* **2010**, *363*, 3597; f) M. Lu, Y. Yao, Y. Zhang, Q. Shen, *Dalton Trans.* **2010**, *39*, 9530; g) Z. Zhang, X. Xu, W. Li, Y. Yao, Y. Zhang, Q. Shen, Y. Luo, *Inorg. Chem.* **2009**, *48*, 5715; h) H. E. Dyer, S. Huijser, A. D. Schwarz, C. Wang, R. Duchateau, P. Mountford, *Dalton Trans.* **2008**, 32; i) Y. Yao, Z. Zhang, H. Peng, Y. Zhang, Q.

Shen, J. Lin, *Inorg. Chem.* **2006**, *45*, 2175; j) P. W. Roesky, M. T. Gamer, M. Puchner, A. Greiner, *Chem. Eur. J.* **2002**, *8*, 5265.

[29] a) P. L. Arnold, J.-C. Buffet, R. P. Blaudeck, S. Sujecki, A. J. Blake, C. Wilson, *Angew. Chem. Int. Ed.* **2008**, *47*, 6033; b) N. Ajellal, D. M. Lyubov, M. A. Sinenkov, G. K. Fukin, A. V. Cherkasov, C. M. Thomas, J.-F. Carpentier, A. A. Trifonov, *Chem. Eur. J.* **2008**, *14*, 5440; c) M. T. Gamer, P. W. Roesky, I. Palard, M. Le Hellaye, S. M. Guillaume, *Organometallics* **2007**, *26*, 651; d) Y. Yao, X. Xu, B. Liu, Y. Zhang, Q. Shen, W.-T. Wong, *Inorg. Chem.* **2005**, *44*, 5133; e) M. Save, A. Soum, *Macromol. Chem. Phys.* **2002**, *203*, 2591; f) M. Save, M. Schappacher, A. Soum, *Macromol. Chem. Phys.* **2002**, *203*, 889; g) K. Tortosa, T. Hamaide, C. Boisson, R. Spitz, *Macromol. Chem. Phys.* **2001**, *202*, 1156; h) N. Spassky, V. Simic, M. S. Montaudo, L. G. Hubert-Pfalzgraf, *Macromol. Chem. Phys.* **2000**, *201*, 2432; i) M. Yamashita, Y. Takemoto, E. Ihara, H. Yasuda, *Macromolecules* **1996**, *29*, 1798; j) W. M. Stevels, M. J. K. Ankoné, P. J. Dijkstra, J. Feijen, *Macromolecules* **1996**, *29*, 8296.

[30] a) S. M. Guillaume, P. Brignou, N. Susperregui, L. Maron, M. Kuzdrowska, J. Kratsch, P. W. Roesky, *Polym. Chem.* **2012**, *3*, 429; b) A. Momin, F. Bonnet, M. Visseaux, L. Maron, J. Takats, M. J. Ferguson, X.-F. Le Goff, F. Nief, *Chem. Commun.* **2011**, *47*, 12203; c) G. Wu, W. Sun, Z. Shen, *Reactive & Functional Polymers* **2008**, *68*, 822; d) G. G. Skvortsov, M. V. Yakovenko, P. M. Castro, G. K. Fukin, A. V. Cherkasov, J.-F. Carpentier, A. A. Trifonov, *Eur. J. Inorg. Chem.* **2007**, 3260; e) I. Palard, M. Schappacher, B. Belloncle, A. Soum, S. M. Guillaume, *Chem. Eur. J.* **2007**, *13*, 1511; f) I. Palard, A. Soum, S. M. Guillaume, *Macromolecules* **2005**, *38*, 6888; g) F. Bonnet, A. R. Cowley, P. Mountford, *Inorg. Chem.* **2005**, *44*, 9046; h) I. Palard, A. Soum, S. M. Guillaume, *Chem. Eur. J.* **2004**, *10*, 4054; i) D. Barbier-Baudry, O. Blacque, A. Hafid, A. Nyassi, H. Sitzmann, M. Visseaux, *Eur. J. Inorg. Chem.* **2000**, 2333; j) X. Zhang, C. Wang, M. Xue, Y. Zhang, Y. Yao, Q. Shen, *J. Organomet. Chem.* **2012**, *713*, 182; k) M. V. Yakovenko, A. A. Trifonov, E. Kirillov, T. Roisnel, J.-F. Carpentier, *Inorg. Chim. Acta* **2012**, *383*, 137; l) W. Li, M. Xue, J. Tu, Y. Zhang, Q. Shen, *Dalton Trans.* **2012**, *41*, 7258.

[31] a) Z. Jian, W. Zhao, X. Liu, X. Chen, T. Tang, D. Cui, *Dalton Trans.* **2010**, *39*, 6871; b) Y. Shen, Z. Shen, J. Shen, Y. Zhang, K. Yao, *Macromolecules* **1996**, *29*, 3441; c) R. Nomura, T. Endo, *Macromolecules* **1995**, *28*, 5372; d) W. J.

Evans, H. Katsumata, *Macromolecules* **1994**, *27*, 2330; e) Y. Shen, Z. Shen, Y. Zhang, Q. Hang, *J. Polym. Sci., Part A: Polym. Chem.* **1997**, *35*, 1339.

[32] a) B. Nottelet, A. El Ghzaoui, J. Coudane, M. Vert, *Biomacromolecules* **2007**, *8*, 2594; b) M. Vert, *Biomacromolecules* **2004**, *6*, 538; c) S. Li, P. Dobrzynski, J. Kasperczyk, M. Bero, C. Braud, M. Vert, *Biomacromolecules* **2004**, *6*, 489; d) Y. Hu, L. Zhang, Y. Cao, H. Ge, X. Jiang, C. Yang, *Biomacromolecules* **2004**, *5*, 1756; e) S. Li, L. Liu, H. Garreau, M. Vert, *Biomacromolecules* **2003**, *4*, 372; f) A.-C. Albertsson, I. K. Varma, *Biomacromolecules* **2003**, *4*, 1466; g) H. Yasuda, *J. Organomet. Chem.* **2002**, *647*, 128; h) S. Li, H. Garreau, B. Pauvert, J. McGrath, A. Toniolo, M. Vert, *Biomacromolecules* **2002**, *3*, 525; i) S. Ponsart, J. Coudane, B. Saulnier, J.-L. Morgat, M. Vert, *Biomacromolecules* **2001**, *2*, 373; j) H. Yasuda, *Prog. Polym. Sci.* **2000**, *25*, 573; k) L. Liu, S. Li, H. Garreau, M. Vert, *Biomacromolecules* **2000**, *1*, 350; l) A. Lofcren, R. Renstad, A. C. Albertsson, *J. Appl. Polym. Sci.* **1995**, *55*, 1589; m) A.-C. Albertsson, M. Eklund, *J. Appl. Polym. Sci.* **1995**, *57*, 87.

[33] a) X. Shen, M. Xue, R. Jiao, Y. Ma, Y. Zhang, Q. Shen, *Organometallics* **2012**, *31*, 6222; b) N. Susperregui, M. U. Kramer, J. Okuda, L. Maron, *Organometallics* **2011**, *30*, 1326; c) C. Iftner, F. Bonnet, F. o. Nief, M. Visseaux, L. Maron, *Organometallics* **2011**, *30*, 4482; d) M. Oshimura, A. Takasu, *Macromolecules* **2010**, *43*, 2283; e) F. Jaroschik, F. Bonnet, X.-F. Le Goff, L. Ricard, F. Nief, M. Visseaux, *Dalton Trans.* **2010**, *39*, 6761; f) M. Oshimura, A. Takasu, K. Nagata, *Macromolecules* **2009**, *42*, 3086; g) Y. Nakayama, K. Sasaki, N. Watanabe, Z. Cai, T. Shiono, *Polymer* **2009**, *50*, 4788; h) T. V. Mahrova, G. K. Fukin, A. V. Cherkasov, A. A. Trifonov, N. Ajellal, J.-F. Carpentier, *Inorg. Chem.* **2009**, *48*, 4258; i) L. J. E. Stanlake, J. D. Beard, L. L. Schafer, *Inorg. Chem.* **2008**, *47*, 8062; j) W. Gao, D. Cui, X. Liu, Y. Zhang, Y. Mu, *Organometallics* **2008**, *27*, 5889; k) N. Barros, P. Mountford, S. M. Guillaume, L. Maron, *Chem. Eur. J.* **2008**, *14*, 5507; l) S. M. Guillaume, M. Schappacher, N. M. Scott, R. Kempe, *J. Polym. Sci. Part A. J. Polym. Sci. Part A.* **2007**, *45*, 3611; m) I. Palard, M. Schappacher, A. Soum, S. M. Guillaume, *Polym. Int.* **2006**, *55*, 1132; n) Y. Yao, M. Ma, X. Xu, Y. Zhang, Q. Shen, W.-T. Wong, *Organometallics* **2005**, *24*, 4014; o) E. Martin, P. Dubois, R. Jérôme, *Macromolecules* **2003**, *36*, 5934; p) S. M. Guillaume, M. Schappacher, A. Soum, *Macromolecules* **2003**, *36*, 54.

[34] a) L. Pan, K. Zhang, M. Nishiura, Z. Hou, *Macromolecules* **2010**, *43*, 9591; b) A. Takasu, H. Tsuruta, Y. Narukawa, Y. Shibata, M. Oshimura, T. Hirabayashi, *Macromolecules* **2008**, *41*, 4688; c) Y. Nakayama, S. Okuda, H. Yasuda, T. Shiono, *React. Funct. Polymers* **2007**, *67*, 798; d) J. Ling, W. Zhu, Z. Shen, *Macromolecules* **2004**, *37*, 758; e) Y. Shen, Z. Shen, Y. Zhang, K. Yao, *Macromolecules* **1996**, *29*, 8289.

[35] a) W. J. Evans, C. H. Fujimoto, M. A. Johnston, J. W. Ziller, *Organometallics* **2002**, *21*, 1825; b) W. J. Evans, J. L. Shreeve, J. W. Ziller, R. J. Doedens, *Inorg. Chem.* **1995**, *34*, 576; c) W. J. Evans, J. L. Shreeve, R. J. Doedens, *Inorg. Chem.* **1993**, *32*, 245.

[36] C.-H. Zhou, J. N. Beltramini, Y.-X. Fan, G. Q. Lu, *Chem. Soc. Rev.* **2008**, *37*, 527.

[37] a) M. Helou, O. Miserque, J.-M. Brusson, J.-F. Carpentier, S. M. Guillaume, *ChemCatChem* **2010**, *2*, 306; b) H. Sheng, L. Zhou, Y. Zhang, Y. Yao, Q. Shen, *J. Polym. Sci., Part A: Polym. Chem.* **2007**, *45*, 1210; c) H. Sheng, F. Xu, Y. Yao, Y. Zhang, Q. Shen, *Inorg. Chem.* **2007**, *46*, 7722; d) L. Zhou, H. Sun, J. Chen, Y. Yao, Q. Shen, *J. Polym. Sci., Part A: Polym. Chem.* **2005**, *43*, 1778; e) R. Cervellera, X. Ramis, J. M. Salla, A. Mantecón, A. Serra, *J. Polym. Sci., Part A: Polym. Chem.* **2005**, *43*, 5799; f) J. Ling, Z. Shen, *Macromol. Chem. Phys.* **2002**, *203*, 735; g) S. Agarwal, M. Puchner, *Eur. Polym. J.* **2002**, *38*, 2365.

[38] O. Dechy-Cabaret, B. Martin-Vaca, D. Bourissou, *Chem. Rev.* **2004**, *104*, 6147.

[39] a) D. Garlotta, *J. Polym. Environ.* **2001**, *9*, 63; b) M. A. Sinenkov, G. K. Fukin, A. V. Cherkasov, N. Ajellal, T. Roisnel, F. M. Kerton, J.-F. Carpentier, A. A. Trifonov, *New J. Chem.* **2011**, *35*, 204; c) H. E. Dyer, S. Huijser, N. Susperregui, F. Bonnet, A. D. Schwarz, R. Duchateau, L. Maron, P. Mountford, *Organometallics* **2010**, *29*, 3602.

[40] A. P. Dove, *Chem. Commun.* **2008**, 6446.

[41] M. J. Stanford, A. P. Dove, *Chem. Soc. Rev.* **2010**, *39*, 486.

[42] E. Zange, *Chem. Ber.* **1960**, *93*, 652.

[43] a) U. Mirsaidov, I. B. Shaimuradov, M. Khikmatov, *Zh. Neorg. Khim.* **1986**, *31*, 1321; b) U. Mirsaidov, G. N. Boiko, A. Kurbonbekov, A. Rakhimova, *Dokl. Akad. Nauk Tadzh. SSR* **1986**, *29*, 608; c) U. Mirsaidov, A. Kurbonbekov,

Dokl. Akad. Nauk Tadzh. SSR **1985**, *28*, 219; d) U. Mirsaidov, A. Kurbonbekov, M. Khikmatov, Zh. Neorg. Khim. **1982**, *27*, 2436; e) U. Mirsaidov, A. Z. Rakhimova, *Izv. Akad. Nauk Tadzh. SSR, Otd. Fiz.-Mat. Geol.-Khim. Nauk* **1978**, 121; f) U. Mirsaidov, A. Kurbonbekov, T. G. Rotenberg, K. Dzhuraev, *Izv. Akad. Nauk SSSR, Neorg. Mater.* **1978**, *14*, 1722; g) U. Mirsaidov, T. G. Rotenberg, T. N. Dymova, *Dokl. Akad. Nauk Tadzh. SSR* **1976**, *19*, 30.

[44] a) M. F. Lappert, A. Singh, J. L. Atwood, W. E. Hunter, *J. Chem. Soc., Chem. Commun.* **1983**, 206; b) E. B. Lobkovskii, S. E. Kravchenko, K. N. Semenenko, *Zhurnal Strukturnoi Khimii* **1977**, *18*, 389.

[45] S. M. Cendrowski-Guillaume, G. Le Gland, M. Nierlich, M. Ephritikhine, *Organometallics* **2000**, *19*, 5654.

[46] S. Marks, J. G. Heck, M. H. Habicht, P. Oña-Burgos, C. Feldmann, P. W. Roesky, *J. Am. Chem. Soc.* **2012**, *134*, 16983.

[47] S.-i. Orimo, Y. Nakamori, J. R. Eliseo, A. Züttel, C. M. Jensen, *Chem. Rev.* **2007**, *107*, 4111.

[48] M. Visseaux, T. Chenal, P. Roussel, A. Mortreux, *J. Organomet. Chem.* **2006**, *691*, 86.

[49] a) N. Meyer, J. Jenter, P. W. Roesky, G. Eickerling, W. Scherer, *Chem. Commun.* **2009**, 4693; b) J. Jenter, N. Meyer, P. W. Roesky, S. K. H. Thiele, G. Eickerling, W. Scherer, *Chem. Eur. J.* **2010**, *16*, 5472.

[50] a) F. Bonnet, C. D. C. Violante, P. Roussel, A. Mortreux, M. Visseaux, *Chem. Commun.* **2009**, 3380; b) P. Zinck, A. Valente, A. Mortreux, M. Visseaux, *Polymer* **2007**, *48*, 4609; c) M. Visseaux, M. Terrier, A. Mortreux, P. Roussel, *C. R. Chim.* **2007**, *10*, 1195; d) G. G. Skvortsov, M. V. Yakovenko, G. K. Fukin, A. V. Cherkasov, A. A. Trifonov, *Russ. Chem. Bull.* **2007**, *56*, 1742; e) F. Yuan, Y. Zhu, L. Xiong, *J. Organomet. Chem.* **2006**, *691*, 3377; f) F. Yuan, J. Yang, L. Xiong, *J. Organomet. Chem.* **2006**, *691*, 2534; g) D. Barbier-Baudry, F. Bouyer, A. S. Madureira Bruno, M. Visseaux, *Appl. Organomet. Chem.* **2006**, *20*, 24; h) S. Cendrowski-Guillaume, M. Nierlich, M. Lance, M. Ephritikhine, *Organometallics* **1998**, *17*, 786.

[51] Z. Xu, Z. Lin, *Coord. Chem. Rev.* **1996**, *156*, 139.

[52] F. Bonnet, A. C. Hillier, A. Collins, S. R. Dubberley, P. Mountford, *Dalton Trans.* **2005**, 421.

[53] a) V. D. Makhaev, *Russ. Chem. Commun.* **2000**, *69*, 727; b) T. J. Marks, J. R. Kolb, *Chem. Rev.* **1977**, *77*, 263.

[54] N. Ajellal, G. Durieux, L. Delevoye, G. Tricot, C. Dujardin, C. M. Thomas, R. M. Gauvin, *Chem. Commun.* **2010**, *46*, 1032.

[55] a) N. Barros, M. Schappacher, P. Dessuge, L. Maron, S. M. Guillaume, *Chem. Eur. J.* **2008**, *14*, 1881; b) M. Schappacher, N. Fur, S. M. Guillaume, *Macromolecules* **2007**, *40*, 8887.

[56] a) P. Zinck, M. Visseaux, A. Mortreux, *Z. Anorg. Allg. Chem.* **2006**, *632*, 1943; b) P. Zinck, A. Valente, F. Bonnet, A. Violante, A. Mortreux, M. Visseaux, S. Ilinca, R. Duchateau, P. Roussel, *J. Polym. Sci., Part A: Polym. Chem.* **2010**, *48*, 802.

[57] J. Thuilliez, R. Spitz, C. Boisson, *Macromol. Chem. Phys.* **2006**, *207*, 1727.

[58] a) F. Bonnet, C. E. Jones, S. Semlali, M. Bria, P. Roussel, M. Visseaux, P. L. Arnold, *Dalton Trans.* **2013**, *42*, 790; b) A. Valente, P. Zinck, A. Mortreux, M. Visseaux, *J. Polym. Sci., Part A: Polym. Chem.* **2011**, *49*, 1615; c) M. Visseaux, M. Mainil, M. Terrier, A. Mortreux, P. Roussel, T. Mathivet, M. Destarac, *Dalton Trans.* **2008**, 4558; d) M. Terrier, M. Visseaux, T. Chenal, A. Mortreux, *J. Polym. Sci., Part A: Polym. Chem.* **2007**, *45*, 2400; e) F. Bonnet, M. Visseaux, D. Barbier-Baudry, E. Vigier, M. M. Kubicki, *Chem. Eur. J.* **2004**, *10*, 2428.

[59] Y. Matsuo, K. Mashima, K. Tani, *Organometallics* **2001**, *20*, 3510.

[60] a) N. Meyer, M. Kuzdrowska, P. W. Roesky, *Eur. J. Inorg. Chem.* **2008**, *2008*, 1475; b) R. Miller, K. Olsson, *Acta Chem. Scand.* **1981**, *B 35*, 303; c) K. Olsson, P. Pernemalm, *Acta Chem. Scand.* **1979**, *B 33*, 125.

[61] J. Jenter, M. T. Gamer, P. W. Roesky, *Organometallics* **2010**, *29*, 4410.

[62] Bruker, *Almanac*, **2007**.

[63] J. Jenter, R. Köppe, P. W. Roesky, *Organometallics* **2011**, *30*, 1404.

[64] J. E. Parks, R. H. Holm, *Inorg. Chem.* **1968**, *7*, 1408.

[65] a) D. T. Carey, E. K. Cope-Eatough, E. Vilaplana-Mafe, F. S. Mair, R. G. Pritchard, J. E. Warren, R. J. Woods, *Dalton Trans.* **2003**, 1083; b) W. Clegg, E. K. Cope, A. J. Edwards, F. S. Mair, *Inorg. Chem.* **1998**, *37*, 2317.

[66] C. Cui, A. Shafir, J. A. R. Schmidt, A. G. Oliver, J. Arnold, *Dalton Trans.* **2005**, 1387.

[67] Y. Yao, Y. Zhang, Q. Shen, K. Yu, *Organometallics* **2002**, *21*, 819.

[68] T. K. Panda, P. W. Roesky, *Chem. Soc. Rev.* **2009**, *38*, 2782.
[69] R. Appel, I. Ruppert, *Z. Anorg. Allg. Chem.* **1974**, *406*, 131.
[70] a) R. P. Kamalesh Babu, K. Aparna, R. McDonald, R. G. Cavell, *Organometallics* **2001**, *20*, 1451; b) C. M. Ong, D. W. Stephan, *J. Am. Chem. Soc.* **1999**, *121*, 2939.
[71] T. K. Panda, A. Zulys, M. T. Gamer, P. W. Roesky, *J. Organomet. Chem.* **2005**, *690*, 5078.
[72] J.-H. Chen, J. Guo, Y. Li, C.-W. So, *Organometallics* **2009**, *28*, 4617.
[73] M. T. Gamer, P. W. Roesky, *Organometallics* **2004**, *23*, 5540.
[74] a) M. Kuzdrowska, *Dissertation*, **2012**; b) B. Murugesapandian, M. Kuzdrowska, M. T. Gamer, L. Hartenstein, P. W. Roesky, *Organometallics* **2013**.
[75] F. T. Edelmann, D. M. M. Freckmann, H. Schumann, *Chem. Rev.* **2002**, *102*, 1851.
[76] a) S. Penczek, M. Cypryk, A. Duda, P. Kubisa, S. Słomkowski, *Prog. Polym. Sci.* **2007**, *32*, 247; b) S. Penczek, T. Biela, A. Duda, *Macromol. Rapid Commun.* **2000**, *21*, 941.
[77] H. Ma, J. Okuda, *Macromolecules* **2005**, *38*, 2665.
[78] M. D. Taylor, C. P. Carter, *Journal of Inorganic and Nuclear Chemistry* **1962**, *24*, 387.
[79] P. Girard, J. L. Namy, H. B. Kagan, *J. Am. Chem. Soc.* **1980**, *102*, 2693.
[80] L. J. E. Stanlake, D. W. Stephan, *Dalton Transactions* **2011**, *40*, 5836.
[81] G. M. Sheldrick, *SHELXS-97, Program for Crystal Structure Refinement*, Universität Göttingen, **1997**.
[82] G. M. Sheldrick, *SHELXL-97, Program for Crystal Structure Refinement*, Universität Göttingen, **1997**.
[83] L. Farrugia, *J. Appl. Crystallogr.* **1999**, *32*, 837.
[84] O. V. Dolomanov, L. J. Bourhis, R. J. Gildea, J. A. K. Howard, H. Puschmann, *J. Appl. Crystallogr.* **2009**, *42*, 339.
[85] K. Brandenburg, *DIAMOND3.2g, Visual Crystal Structure Information System*, Crystal Impact GbR, Bonn, **2011**.

7 Anhang

7.1 Verwendete Abkürzungen

amu	Atomare Masseneinheit (atomic mass unit)
BDSA	Bis(dimethylsilyl)amid
BTSA	Bis(trimethylsilyl)amid
ca.	circa
CL	ε-Caprolacton
Cp	Cyclopentadienyl
d	Tag (day)
DFT	Dichtefunktionaltheorie
(dipp)$_2$NacNac	{2-(2,6-diisopropylphenyl)amino-4-(2,6-diisopropylphenyl)imino}-pent-2-enyl
(dipp)$_2$pyr	2,5-Bis{N-(2,6-diisopropylphenyl)iminomethyl}pyrrolyl
(dipp)$_2$pyrK	Kaliumsalz des 2,5-Bis{N-(2,6-diisopropylphenyl)iminomethyl}pyrrolyl-Liganden
DMF	Dimethylformamid
DPPM	Bis(diphenylphosphino)methan
EI	Elektronenstoßionisation
Et$_2$NH	Diethylamin
EtOH	Ethanol
et al.	und Mitarbeiter (et altera)
gHMQC	Gradient Heteronuclear Multiple Quantum Coherence
GPC	Gelpermeationschromatographie
h	Stunde (hour)
HOAc	Essigsäure
HR-MS	hochauflösende Massenspektrometrie
IR	Infrarot
L	Ligand
LA	Lactid
Ln	Lanthanoid

MALDI-ToF	Matrix Assisted Laser Desorption Ionisation - Time of Flight
Me	Methyl
MeOH	Methanol
min	Minuten
mL	Milliliter
$\overline{M}_n$	Zahlenmittel der molaren Masse
MS	Massenspektrometrie
$\overline{M}_w$	Gewichtsmittel der molaren Masse
m/z	Masse/Ladungs-verhältnis
NMR	Nuclear Magnetic Resonance
PCL	Polycaprolacton
PD	Polydispersität
Ph	Phenyl
PLA	Polylactid, Polymilchsäure
PTMC	Poly(trimethylen)carbonat
reflux	unter Rückfluss erhitzen
ROP	Ringöffnungspolymerisation, ringöffnende Polymerisation
RT	Raumtemperatur
r. t.	room temperature (Raumtemperatur)
SEC	Size Exclusion Chromatographie
T	Temperatur
T_g	Glasübergangstemperatur
THF	Tetrahydrofuran
T_m	Schmelztemperatur
TMS	Trimethylsilyl
TMC	Trimethylencarbonat

IR-Spektroskopie

ATR	abgeschwächte Totalreflexion
br	breit
m	mittel
s	stark
vs	sehr stark

vw	sehr schwach
w	schwach

NMR-Spektroskopie

br	breit
d	Dublett
m	Multiplett
ppm	parts per million
q	Quartett
qt	Quintett
s	Singulett
t	Triplett

7.2 Persönliche Angaben

7.2.1 Lebenslauf

Name: Matthias Schmid
Geburtsdatum: 26.10.1982
Geburtsort: Karlsruhe/Deutschland
Familienstand: ledig

Studium

Ab Juli 2009   Promotion im Arbeitskreis von Prof. Dr. Peter W. Roesky zum Thema „Neuartige Borhydridkomplexe der Seltenerdmetalle unter Verwendung von chelatisierenden N-Donorliganden und deren Anwendung als Katalysatoren für Polymerisationsreaktionen"

04/2009   Abschluss Diplom-Chemiker (Gesamtnote sehr gut) Diplomarbeit am Institut für Anorganische Chemie zum Thema „Synthese neuer Borohydridokomplexe" bei Prof. Dr. Peter W. Roesky

WS 2005/06 - 2008/09   Hauptstudium Chemie an der Universität Karlsruhe (TH) Diplom (Gesamtnote sehr gut)

WS 2003/04 - SS 2005   Grundstudium Chemie an der Universität Karlsruhe (TH) Vordiplom (Gesamtnote gut)

Stipendien

09/2012-11/1012   Forschungsstipendium der Université de Rennes I (Frankreich)

07/2012	Weiterqualifizierungsstipendium des Karlsruhe House of Young Scientists (KHYS) für die Gordon Research Conference: Organometallic Chemistry in Newport (Boston)
03/2010 - 02/2012	Promotionsstipendium des Cusanuswerks

Zivildienst

08/2002 - 04/2003	Betreuung von psychisch Kranken im Frommelhaus Karlsruhe

Schulausbildung

1993-2002	Bismarck-Gymnasium Karlsruhe Abitur (Ø 1,3) LK: Mathematik, Chemie Fremdsprachen: Latein, Englisch, Griechisch
1989-1993	Grundschule Rintheim in Karlsruhe

7.2.2 Publikationen

Poster

Syntheses and Applications of new Nano-Structured Materials: Novel Chiral Lanthanide-C60 Buckminster Fullerene Clusters
M. Schmid, S. Seifermann, P. W. Roesky, S. Bräse
Koordinationschemietreffen, Stuttgart, **2011**.

Journalpublikationen

J. Kratsch, M. Kuzdrowska, M. Schmid, N. Kazeminejad, C. Kaub, P. Oña-Burgos, S. M. Guillaume, P. W. Roesky, *Organometallics* **2013**, DOI: 10.1021/om301011v.

S. M. Guillaume, L. Annunziata, I. del Rosal, C. Iftner, L. Maron, P. W. Roesky, M. Schmid, *Polym. Chem.* **2013**, *4*, 3077.

M. Kuzdrowska, L. Annunziata, S. Marks, M. Schmid, C. G. Jaffredo, P. W. Roesky, S. M. Guillaume, L. Maron, *Dalton Trans.* **2013**, DOI:10.1039/C3DT00037K.

M. Schmid, S. M. Guillaume, P. W. Roesky, *J. Organomet. Chem* **2013**, angenommen.

Danksagung

Herrn Prof. Dr. Peter W. Roesky danke ich für die Möglichkeit, in seinem Arbeitskreis zu promovieren und für die hervorragende Betreuung während der gesamten Promotionszeit.

Frau Prof. Dr. Annie Powell möchte ich sehr herzlich für die Übernahme des Zweitgutachtens danken.

Für die Korrektur der Arbeit möchte ich mich bei Björn Schmid, Dr. Sebastian Marks und Dr. Jochen Kratsch bedanken.

Ein großer Dank gilt dem Cusanuswerk für die Gewährung eines Promotionsstipendiums.

Für die Finanzierung eines dreimonatigen Forschungsaufenthaltes an der Université de Rennes I danke ich dem Programm zur Förderung von Forschung und Wissenschaft der Metropolregion Rennes.

Dem KHYS (Karlsruhe House of Young Scientists) danke ich für die Gewährung eines Auslandsstipendiums für eine Gordon Research Conference: Organometallics in Boston.

Frau Helga Berberich und Herrn Dr. Pascual Oña-Burgos möchte ich für die Aufnahme der NMR-Spektren danken; Herrn Dr. Michael Gamer, Frau Sibylle Schneider, Frau Petra Smie und Frau Larissa Zielke für die Durchführung der Einkristallmessungen; für die Messung der EI-Massenspektren gilt ein großer Dank Herrn Dieter Müller und für die Messung der Elementaranalysen Frau Nicole Klaassen. Bei den Mitarbeitern des Glasbläserei, der Werkstatt und der Chemikalienausgabe möchte ich mich ebenso herzlich bedanken.